第五代固定网络（F5G）全光网技术丛书

全光园区网络架构与实现

李霆 张军 万席锋 ◎ 编著

清华大学出版社

北京

内 容 简 介

第五代固定网络(the Fifth Generation Fixed Networks,F5G)全光园区是一个创新的园区网络解决方案,其关键创新点就是采用POL(Passive Optical LAN,无源光局域网)技术建设全光园区网络,业界称为无源全光园区网络。本书系统论述了基于POL技术的无源全光园区网络的架构、关键技术、网络规划设计及应用实践等。

本书共10章。第1~4章为无源全光园区网络基本概念介绍,主要包括无源全光园区网络的起源、发展历程和关键技术;第5~7章主要介绍无源全光园区网络的规划原则、产品选型原则、网络部署、网络验收和网络运维;第8章主要介绍无源全光园区网络在学校、酒店、办公楼、机场、医院等机构的应用实践,通过应用实践帮助读者理解各行业场景方案如何应用;第9章以华为技术有限公司无源全光园区网络部件为例,介绍无源全光园区网络部件使用情况,便于读者认识部件并清楚在以后的工作中如何选择部件;第10章主要介绍无源全光园区网络的未来展望,包括产业政策、生态以及全光技术和应用的创新。

本书可作为无源全光园区网络规划设计工程师、网络管理工程师以及技术支持工程师的参考用书,也可作为欲从事无源全光园区网络相关工作的大中专院校学生的参考用书。

图书在版编目(CIP)数据

全光园区网络架构与实现/李霆,张军,万席锋编著.—北京:清华大学出版社,2022.1(2024.2重印)
(第五代固定网络(F5G)全光网技术丛书)
ISBN 978-7-302-59739-1

Ⅰ.①全… Ⅱ.①李… ②张… ③万… Ⅲ.①光纤网—局域网—研究 Ⅳ.①TN929.11

中国版本图书馆 CIP 数据核字(2022)第 003375 号

责任编辑:刘　星
封面设计:刘　键
责任校对:刘玉霞
责任印制:杨　艳

出版发行:清华大学出版社
　　　　网　　　址:https://www.tup.com.cn,https://www.wqxuetang.com
　　　　地　　　址:北京清华大学学研大厦 A 座　　邮　　编:100084
　　　　社 总 机:010-83470000　　　　　　　邮　　购:010-62786544
　　　　投稿与读者服务:010-62776969,c-service@tup.tsinghua.edu.cn
　　　　质量反馈:010-62772015,zhiliang@tup.tsinghua.edu.cn
　　　　课件下载:https://www.tup.com.cn,010-83470236
印 装 者:北京嘉实印刷有限公司
经　　销:全国新华书店
开　　本:186mm×240mm　　印　张:13.5　　　字　　数:246 千字
版　　次:2022 年 3 月第 1 版　　　　　　　印　　次:2024 年 2 月第 4 次印刷
印　　数:3701~4700
定　　价:89.00 元

产品编号:089414-01

FOREWORD

序　一

　　自从 1966 年华裔科学家高锟博士奠定了光纤通信理论基础之后，光纤通信技术便进入了高速发展的阶段。 由于铜线通信技术的带宽和传输距离受限，而光纤通信技术发展迅速，业界都在积极地向光纤通信技术演进，光纤也成为 20 世纪最重要的发明之一。 进入 21 世纪，工业革命 4.0 将由超宽带与全连接驱动，而光纤是最佳媒介。 当前，固定网络已进入以光纤介质为主的 F5G 智能时代，全光纤网络具备大带宽、多连接、好体验三个关键特征，覆盖家庭接入、企业园区等各种应用场景。

　　在企业园区，信息化和数字化也在蓬勃发展，业务云化、物联网、Wi-Fi 6 以及各类视频业务层出不穷，这些新的业务催生新的技术、新的场景以及新的网络，传统园区网络由于架构复杂、维护及扩容成本高，应对日益增长的网络需求已呈现疲态。

　　POL（Passive Optical LAN，无源光局域网）全光园区解决方案通过简化网络架构，满足企业园区网络信息化、数字化、物联网以及面向未来网络不断演进的需求。

　　POL 全光园区网络创新性地引入全光局域网技术，并以光纤作为主要传输介质进行园区网络建设，利用 PON 技术架构简单、多业务承载、无源长距传输的优势，为各行业园区提供定制化的承载技术，满足园区业务高带宽、低时延的网络诉求，同时支持面向未来的长期演进，保护企业现有投资。

　　另外，光纤的带宽可以达到 Tbit/s 级别，将光纤与园区融合，随着业务不断演进、带宽不断升级，光纤网络可以使用长达 30 年以上不用重新敷设。 再有，针对某些园区存在腐蚀、电磁干扰、静电等影响线路信号稳定性的因素，光纤抗干扰、耐腐蚀等优势能更好地满足园区特殊行业需求。

　　全光园区网络以光纤为主要传输介质，光纤的原材料为二氧化硅，二氧化硅来源于沙子，而沙子在地球上可谓取之不尽、用之不竭，有利于减少对资源的消耗。另外，POL 全光园区网络通过无源设备实现网络汇聚，节约电源能耗，减少碳排放，有利于实现"双碳"（碳达峰、碳中和）目标。

　　《全光园区网络架构与实现》一书循序渐进地从园区网络的现状与挑战引出无

源全光园区网络，继而介绍了无源全光园区网络关键技术的原理与应用，然后用大篇幅介绍无源全光园区网络的网络规划和行业应用实践，将理论和实践有机结合，确保读者能够快速掌握无源全光园区网络相关知识，通过大量行业应用实践加深读者对所学知识的理解，使读者能够体会到"学以致用"的乐趣。

本书可以帮助读者掌握无源全光园区网络的相关知识，有助于全光园区网络相关从业人员做好本职工作，也可以作为普通高校学生的参考书，为将来毕业从事全光园区网络相关工作奠定基础。

张新亮

华中科技大学教授、副校长

2022 年 1 月

FOREWORD

序　二

每一次产业技术革命和每一代信息通信技术发展，都给人类的生产和生活带来巨大而深刻的影响。固定网络作为信息通信技术的重要组成部分，是构建人与人、物与物、人与物连接的基石。

信息时代技术更迭，固定网络日新月异。漫步通信历史长河，100 多年前，亚历山大·贝尔发明了光线电话机，迈出现代光通信史的第一步；50 多年前，高锟博士提出光纤可以作为通信传输介质，标志着世界光通信进入新篇章；40 多年前，世界第一条民用的光纤通信线路在美国华盛顿到亚特兰大之间开通，开启光通信技术和产业发展的新纪元。由此，宽带接入经历了以 PSTN/ISDN 技术为代表的窄带时代、以 ADSL/VDSL 技术为代表的宽带/超宽带时代、以 GPON/EPON 技术为代表的超百兆时代的飞速发展；光传送也经历了多模系统、PDH、SDH、WDM/OTN 的高速演进，单纤容量从数十兆跃迁至数十百万兆。固定网络从满足最基本的连接需求，到提供 4K 高清视频体验，极大地提高了人们的生活品质。

数字时代需求勃发，固定网络技术跃升，F5G 应运而生。2020 年 2 月，ETSI 正式发布 F5G，提出了"光联万物"产业愿景，以宽带接入 10G PON + FTTR（Fiber to the Room，光纤到房间）、Wi-Fi 6、光传送单波 200G + OXC（全光交换）为核心技术，首次定义了固网代际（从 F1G 到 F5G）。F5G 一经提出即成为全球产业共识和各国发展的核心战略。2021 年 3 月，我国工业和信息化部出台《"双千兆"网络协同发展行动计划（2021—2023 年）》，系统推进 5G 和千兆光网建设；欧盟也发布了"数字十年"倡议，推动欧洲数字化转型之路。截至 2021 年底，全球已有超过 50 个国家颁布了相关数字化发展愿景和目标。

F5G 是新型信息基础设施建设的核心，已广泛应用于家庭、企业、社会治理等领域，具有显著的社会价值和产业价值。

（1）F5G是数字经济的基石，F5G强则数字经济强。

F5G构筑了家庭数字化、企业数字化以及公共服务和社会治理数字化的连接底座。F5G有效促进经济增长，并带来一批高价值的就业岗位。比如，ITU（International Telecommunication Union，国际电信联盟）的报告中指出，每提升10%的宽带渗透率，能够带来GDP增长0.25%～1.5%。中国社会科学院做的一份研究报告显示，2019—2025年，F5G平均每年能拉动中国GDP增长0.3%。

（2）F5G是智慧生活的加速器，F5G好则用户体验好。

一方面，新一轮消费升级对网络性能提出更高需求，F5G以其大带宽、低时延、泛连接的特征满足对网络和信息服务的新需求；另一方面，F5G孵化新产品、新应用和新业态，加快供给与需求的匹配度，不断满足消费者日益增长的多样化信息产品需求。以FTTR应用场景为例，FTTR提供无缝的全屋千兆Wi-Fi覆盖，保障在线办公、远程医疗、超高清视频等业务的"零"卡顿体验。

（3）F5G是绿色发展的新动能，F5G繁荣则千行百业繁荣。

光纤介质本身能耗低，而且F5G独有的无源光网络、全光交换网络等极简架构能够显著降低能耗。F5G具有绿色低碳、安全可靠、抗电磁干扰等特性，将更多地渗透到工业生产领域，如电力、矿山、制造、能源等领域，开启信息网络技术与工业生产融合发展的新篇章。据安永(中国)企业咨询有限公司测算，未来10年，F5G可助力中国全社会减少约2亿吨二氧化碳排放，等效种树约10亿棵。

万物互联的智能时代正加速到来，固定网络面临前所未有的历史机遇。下一个10年，VR/AR/MR/XR用户量将超过10亿，家庭月平均流量将增长8倍达到1.3Tbit/s，虚实结合的元宇宙初步实现，为此，千兆接入将全面普及、万兆接入将规模商用，满足超高清、沉浸式的实时交互式体验。企业云化、数字化转型持续深化，通过远程工业控制大幅提高生产效率，需要固定网络进一步延伸到工业现场，满足工业、制造业等超低时延、超高可靠连接的严苛要求。

伴随着千行百业对绿色低碳、安全可靠的更高要求，F5G将沿着全光大带宽、多连接、极致体验三个方向持续演进，将光纤从家庭延伸到房间、从企业延伸到园区、从工厂延伸到机器，打造无处不在的光连接（Fiber to Everywhere）。F5G不仅可以用于光通信，也可以应用于通感一体、智能原生、自动驾驶等更多领域，开创无所不及的光应用。

"第五代固定网络（F5G）全光网技术丛书"向读者介绍了F5G全光网的网络架

构、热门技术以及在千行百业的应用场景和实践案例。 希望产业界同仁和高校师生能够从本书中获取 F5G 相关知识，共同完善 F5G 全光网知识体系，持续创新 F5G 全光网技术，助力 F5G 全光网生态打造，开启"光联万物"新时代。

汪涛

华为技术有限公司常务董事

华为技术有限公司 ICT 基础设施业务委员会主任

2022 年 1 月

PREFACE
前　　言

光，给人类带来了光明，孕育了生命。

古人很早就运用光来进行通信，"烽火夜似月，兵气晓成虹。横行徇知己，负羽远从戎。"描写的就是烽火台利用火光传递信息的场景。

自 1966 年高锟论证了光纤通信的可行性后，光纤通信开始快速发展，人类进入光纤通信时代，光纤成为 20 世纪最重要的发明，是构建万物互联世界的基石。

进入 21 世纪，工业革命 4.0 由超宽带与全联接驱动，光纤是最佳媒介。光通万业，纤引未来，光纤是超宽带的基础，所有连接终将回归光纤网络。

当前，固定网络已进入以光纤介质为主的 F5G 智能时代，全光纤网络具备大带宽、多连接、好体验三个关键特征，覆盖家庭接入、企业园区等各种应用场景。

在企业园区，信息化和数字化也在蓬勃发展，业务云化、物联网、Wi-Fi 6 以及各类视频业务层出不穷，这些新的业务催生新的技术、新的场景以及新的基础设施，传统园区网络由于架构复杂、维护及扩容成本高，应对日益增长的网络需求已呈现疲态。

无源全光园区网络创新性地引入 POL（Passive Optical LAN，无源光局域网）技术，并加持光纤为主要传输介质进行园区网络建设，利用 PON（Passive Optical Network，无源光网络）技术架构简单、多业务承载、无源长距传输的优势，为各行业园区提供定制化的承载技术，满足园区业务对高带宽、低时延的网络诉求，同时支持面向未来的长期演进，保护企业现有投资。

无源全光园区网络以光纤为主要传输介质，光纤的原材料为二氧化硅，二氧化硅来源于沙子，而沙子在地球上可谓取之不尽用之不竭。光纤的容量可以达到 Tbit/s 级别以上，使用寿命可达 30 年以上。另外，光纤抗干扰、耐腐蚀等优势能更好地满足园区特殊行业的需求。

无源全光园区网络当前已经在教育、医疗、酒店、机场、安防、制造等行业或机构中广泛应用，也正在往越来越多的行业拓展，光纤已经从桌面，延伸到交通、工厂、机器，为越来越多的客户提供高性能、高可靠性的业务。

本书采用循序渐进的叙述方式，深入浅出地论述了无源全光园区网络的架构、关键技术、网络规划指导、应用实践、部件产品和未来展望。 通过阅读本书，读者可以对无源光网络技术以及无源全光园区网络有一定的认识，为后续进行无源全光园区网络规划与运维打好基础。

一、内容特色

1. 原理透彻，注重应用

将理论和实践有机地结合是快速掌握无源全光园区网络的关键。

本书采用循序渐进的方法从园区网络的现状与挑战引出无源全光园区网络，既而介绍了相关关键技术的原理与应用，然后大篇幅介绍无源全光园区网络的网络规划和行业应用实践，通过大量行业应用实践加深读者对所学知识的理解。

2. 图文并茂，简单易懂

为了更加生动地诠释知识要点，本书配备了大量的图片，图文结合的方式降低了读者的阅读难度，同时也能加深读者对相关理论知识的理解。

二、结构安排

本书主要介绍无源全光园区网络的相关知识，全书共 10 章。

- 第 1~4 章主要介绍无源全光园区网络的起源、发展历程和关键技术，帮助读者快速了解无源全光园区网络。
- 第 5~7 章主要介绍无源全光园区网络的规划原则、产品选型原则、网络部署、网络验收和网络运维。
- 第 8 章主要介绍无源全光园区网络在学校、酒店、办公楼、机场、医院等机构的应用实践，通过应用实践帮助读者了解各行业场景方案的应用。
- 第 9 章以华为技术有限公司无源全光园区网络部件为例，介绍无源全光园区网络部件使用情况，便于读者认识部件并在以后的工作中清楚如何选择部件。
- 第 10 章主要介绍无源全光园区网络的未来展望，包括产业政策、生态以及全光技术和应用的创新。

三、读者对象

- 无源全光园区网络相关从业人员，如售前/售后技术支持工程师、网络规划设计工程师、工程建设人员以及网络维护人员。
- 初学无源全光园区网络技术以及毕业后欲从事无源全光园区网络相关工作的大中专院校以及高职院校在校学生。
- 希望掌握无源全光园区网络建设与维护技能的企业园区 IT 人员。

四、致谢

本书主要由李霆、张牟、万席锋编写，参与编写的人员还有龚敏聪、李鹏、刘宇、马建刚、潘少华、乔剑、谢晓东、谢良文、王建保、张翔、张磊。限于编者的水平和经验，加之时间比较仓促，疏漏或者错误之处在所难免，敬请读者批评指正。

编　者

2022 年 1 月

CONTENTS

目　　录

第 1 章

认识无源全光园区网络

1.1 园区网络的现状与挑战

随着云服务、物联网、Wi-Fi 6 以及各类视频业务的兴起,传统园区网络由于架构复杂、维护及扩容成本高,应对日益增长的网络需求已呈现疲态。

人类社会高速发展,园区的信息化和全球的数字化也在蓬勃发展,所需要的数据处理能力、通信能力和算力等都以指数级的速度增长,这些新的诉求催生了新的技术、新的场景、新的基础设施,园区网络也面临着如下新的挑战。

(1)业务云化,需要一个简单架构、可快速部署的网络。如图 1-1 所示,业务云化成为趋势,越来越多的企业都在采用云业务,园区网络的流量模型从原来的以东西向流量为主逐渐演变为以南北向流量为主。原来传统网络的多层网络架构已经没有了

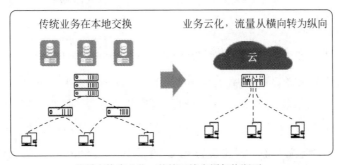

流量交换南北化,传统网络多层架构瓶颈

需要架构简单、可快速部署的网络

图 1-1 业务云化趋势

就近转发的优势,反而成为了瓶颈,多层网络架构带来了更大的网络时延,网络部署也非常复杂。所以业务云化趋势推导出需要一个适应网络南北流量为主、架构简单、支持快速部署的网络。

(2) Wi-Fi/IoT 新业务涌现,需要一个可支撑新业务持续演进的网络,如图 1-2 所示。园区已从数字连接时代走到智能连接时代,Wi-Fi 6 也已经成为 Wi-Fi 的趋势,Wi-Fi 6 对回传带宽提出了更大的要求,特别是从 Wi-Fi 5 升级到 Wi-Fi 6 之后,园区网络需从千兆网络升级为万兆网络,以前部署的以太网铜缆(网线)面临着带宽瓶颈,无法支持更高的带宽。

Wi-Fi 6/IoT成为趋势,传统网络面临网线带宽瓶颈及持续演进压力

需要能支撑新业务大带宽、广接入且持续演进的网络

图 1-2　Wi-Fi/IoT 新业务趋势

另外,由于 IoT 业务的涌现,园区接入信息点的数量和园区网络的规模成倍增加,需要接入更多的各种泛智能化电子设备,接入终端设备的增加又要求更多的汇聚设备,导致整个园区网络越来越庞大,所以对园区网络提出更强的稳定性、更高的可靠性以及更大规模终端互联的要求。为了实现更多场景的实时互联互通,未来园区网不仅需要连接足够多的终端,而且需要支持特定场景下的实时网络互联及超大带宽等要求,所以需要一个高带宽、广接入、可支撑新业务持续演进的网络。

(3) 多业务的接入,网络规模的增加,需要一个能简易运维、统一管理的网络。传统园区多业务接入为烟囱结构,多个网络独立成网,运维复杂。由于 IoT 等新增业务不断出现导致接入信息点数量的大幅增加,从而使园区网络规模和组网更加复杂,所以需要一个能简易运维、统一管理的网络。

以上应用趋势的出现,使得传统园区网络在架构、带宽及持续演进、易于管理等方面都已经力不从心,难以为继,所以传统园区网络迫切需要进行下一轮的升级。

1.2　无源全光园区网络定义与架构

1.2.1　无源全光园区网络定义

如图 1-3 所示,无源全光园区网络是基于 POL(Passive Optical LAN,无源光局域网)技术的园区网络解决方案,故业界也常把无源全光园区网络简称为 POL。

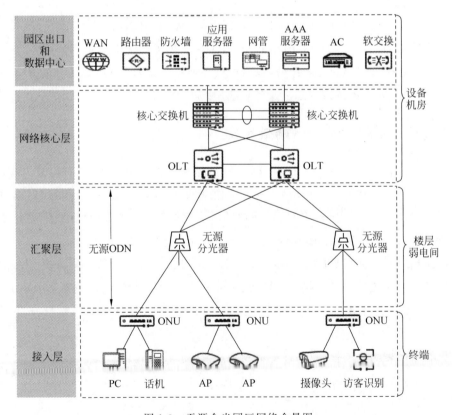

图 1-3　无源全光园区网络全景图

无源全光园区网络以光纤为主要接入介质,但并不是所有采用光纤接入的园区网络都是无源全光园区网络,只有采用 PON(Passive Optical Network,无源光网络)技术,且中间采用 ODN(Optical Distribution Network,光分配网络)无源汇聚的园区才能称为无源全光园区网络。如果只是采用光纤接口的多级传统以太网交换机组网,由于中间的传统交换机还存在光电转换的过程,所以采用光纤接口的多级传统以太网交换机组网不能称作无源全光园区网络。

无源全光园区网络是近几年来高速发展的一种先进的全光园区网络。无源全光园区网络顺应了园区网络云化趋势、移动/智慧办公趋势、数字化趋势,可以支持未来园区的长期发展。

无源全光园区网络主要由以下三大部分部件组成。

(1) 放置在核心设备机房的有源设备,包括 OLT(Optical Line Terminal,光线路终端)、核心交换机等设备。

(2) 放置在楼层弱电间的无源器件,主要是无源的 ODN,包括 SPL(Splitter,无源分光器)、ODF(Optical Distribution Frame,光纤配线架)、皮线光缆、光纤等。

(3) 放置在用户侧的有源设备,包括提供各种业务接入的 ONU(Optical Network Unit,光网络单元)、无线接入点以及各种应用终端等。

1.2.2 无源全光园区网络架构

如图 1-4、图 1-5 所示,无源全光园区网络架构与传统园区网络架构基本保持一致,园区网络可划分为园区外部网络和园区内部网络,园区内部网络包括园区出口、核心层、接入层及应用层(接入终端层),同时园区内部网络也具备数据中心/服务器群、网络管理中心、DMZ(Demilitarized Zone,半信任区)等各功能模块。

园区出口是企业广域网和 Internet 的出口,连接企业的不同园区、分支、出差员工和访客等。要求支持 WAN 接口,具有集成或独立防火墙等功能。一般采用路由器组网,根据园区规模与客户诉求选用高、低端路由器,使用 WAN 接口连接互联网/城域网。

核心层部署园区的核心设备,连接所有的 OLT 设备,转发各个部门之间的流量。通常情况下,核心层需要采用全连接结构,保持核心层设备的配置尽量简单,并且和业务部门无关。

核心交换机要求具备较强的转发能力、路由能力和强路由收敛能力,建议采用高端交换机作为核心交换机,通过 GE 端口或 10GE 端口连接出口路由器。

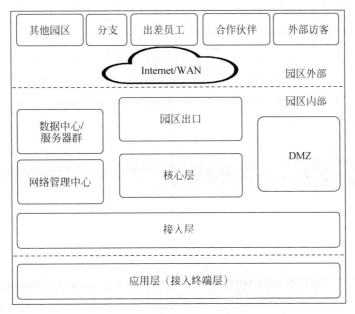

图 1-4　无源全光园区网络逻辑架构

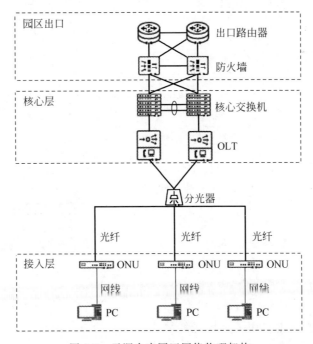

图 1-5　无源全光园区网络物理架构

OLT 设备通常部署在核心机房,采用 1+1 冗余备份。

园区出口部署防火墙设备,进行园区内网和外网之间的访问控制。

接入层是最靠近用户的网络,通过 ONU 为用户提供各种业务接入方式,如 PC 接入、语音接入等。接入层通常要求支持用户终端认证、网络保护、端口隔离等。ONU 类型可以根据部署场景、端口类型与数量需求进行选择。

1.3　无源全光园区网络特点

如图 1-6 所示,传统 LAN 园区网络和无源全光园区网络相比,主要有如下特点。

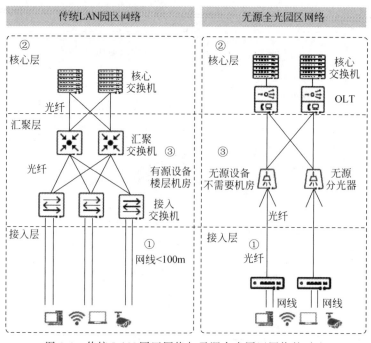

图 1-6　传统 LAN 园区网络与无源全光园区网络的对比

(1) 园区的"光进铜退"创新:传统园区采用了以太网网线(铜缆)进行水平布线,无源全光园区创新性地采用了单模光纤替代了原来的以太网线进行水平布线。无源全光园区中,ONU 设备将会放置在靠近用户终端(如 PC、摄像头等)的位置,ONU 设备采用的是光纤上行,光纤替代了原来接入以太网交换机的水平布线的网线。光纤可以提供更大的带宽、更远的传输距离,解决了网线传输距离的限制,实现了光进铜退的创新。

(2)园区的架构简化创新:传统园区采用的是核心层设备/汇聚层设备/接入层设备的三层架构,而无源全光园区创新性地采用了核心层设备/接入层设备的二层架构,减少了一层架构,简化了网络的管理,也减少了转发的时延等。

(3)园区的无源汇聚创新:传统园区采用有源的汇聚交换机进行汇聚,无源全光园区创新性地采用无源的分光器实现多个 ONU 设备的汇聚。传统园区采用的以太网点对点交换技术,只能通过有源的汇聚交换机实现多个接入点的汇聚功能,汇聚交换机需要供电和空调散热,所以需要部署在楼宇弱电间或者楼层弱电间内。无源全光园区中采用无源分光器实现多个接入点/多根光纤的汇聚功能,由于采用了无源汇聚功能,故不需要供电和空调,可以减少弱电间的空间,也避免了弱电间起火等安全风险。

第 2 章

无源全光园区网络发展历程

无源全光园区网络的发展历程如图 2-1 所示,总体来说经历了早期尝试阶段、早期实践阶段、规模发展阶段和广泛应用阶段,最终形成标准化组织和成熟技术。

图 2-1　无源全光园区网络发展历程

2.1 起源和早期实践阶段

在早期实践阶段,产业链各厂家普遍采用家庭网络技术 FTTH(Fiber to the Home,光纤到户)进行建网,开展了有益的尝试和探索,在这些行业进行了少量的部署后,获得了客户的认可,并形成了良好的口碑,让行业客户知道并试用了这个新技术。

无源全光园区网络的部署开始于 2011 年,酒店、学校、医院等客户的场景比较适合无源全光网络的架构,这些客户进行了早期的尝试。

2012 年 8 月,通信行业协会 TIA(Telecommunications Industry Association,电信工业协会)/EIA(Electronic Industries Alliance,电子工业协会)将 PON 正式纳入商业楼宇布线/验收标准,从此 PON 正式走进商业楼宇网络建设。

2013 年 8 月,正式成立了全球 APOLAN(Association for Passive Optical LAN,无源光局域网联盟)来推广 POL(Passive Optical LAN,无源光局域网),这是早期阶段首次设备厂家、光纤光缆厂家、行业集成商等组成联盟来进行标准化运作。

2.2 规模发展阶段

从 2015 年开始,随着无源全光园区技术的发展成熟和客户接受度及认可度的提高,无源全光园区网络进入规模发展阶段,业界各大厂家积极参与其中,极大地增强了客户和业界的信心。

2016 年 3 月,华为以"引领新 ICT,共建全联接世界"为主题参展全球规模最大的 ICT 科技展会 CeBIT(汉诺威消费电子、信息及通信博览会),在该展会上发布了华为无源全光园区解决方案。

2017 年 9 月,全球无源光局域网联盟亚太分委会(以下简称 APOLAN 亚太分委会)正式成立,华为担任首届分委会主席。APOLAN 亚太分委会的成立将更好地推进园区全面光纤化进程,加速光纤到桌面的应用,推进POL产业发展,促进亚太区域的企业园区快速实现光纤化和数字化转型。

2019年10月,以"光联世界,智汇未来"为主题的全光园区产业峰会在北京召开。会议期间,华为技术有限公司、上海诺基亚贝尔股份有限公司、长飞光纤光缆股份有限公司、神州数码集团股份有限公司、中海物业集团股份有限公司作为创始成员单位,共同发起并成立绿色全光网络技术联盟ONA,主要目的是实现光纤网络在企业中的普及,满足企业在不同场景的需求。作为国际交流与合作平台,联盟的目标是汇聚产业各方力量,建立和推广行业标准,探索新模式和新机制,促进技术与行业发展深度协同,建设生态,培育产业人才,实现全光网络产业的长期健康发展。

无源全光园区网络具备一网多业务、绿色节能、经济高效、简单灵活、安全可靠等特点,具有传统以太网络不可替代的优势,能满足万物互联云时代的超高清视频、VR/AR、云服务、移动办公等新兴业务对高带宽、低时延网络的要求,成为教育、安全、酒店、政府、交通、工厂、综合园区(智能楼宇、商业综合体、住宅社区和产业智慧园区)等千行百业数字化转型的最佳选择。

2.3　广泛应用阶段

经过几年的快速发展,无源全光园区技术广泛应用于校园、企业园区、酒店、医院、机场、平安城市视频监控等场景。

(1)校园智慧教室:如图2-2所示,一网全场景,满足智慧教室电子白板、教学云终端、无线接入、安防等业务需求。

(2)校园现代化宿舍:如图2-3所示,一纤全承载,有线/无线网络接入、电视、电话等业务统一承载。

(3)智慧企业办公:如图2-4所示,光纤到桌面,统一承载企业办公、智真会议、视频回传、打印机等多种业务。

(4)智慧酒店:如图2-5所示,一房一纤,一纤多业务,有线/无线上网、客房控制系统、AI语音助手、可视对讲等业务统一承载。

图 2-2　校园智慧教室

图 2-3　校园现代化宿舍

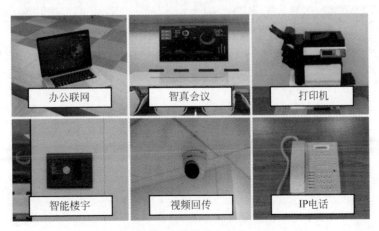

图 2-4　智慧企业办公

图 2-5　智慧酒店

（5）智慧医院：如图 2-6 所示，一纤多承载，有线/无线网络接入、病房呼叫系统、医生办公网络、医院安防等业务统一承载。

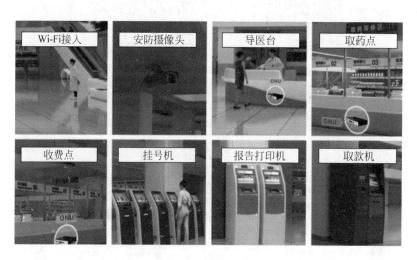

图 2-6　智慧医院

（6）智慧机场：如图 2-7 所示，一纤广覆盖，覆盖范围长达 40km，提供 Wi-Fi、视频回传和商铺接入业务。

（7）平安城市视频监控：如图 2-8 所示，光纤到摄像头，实现社区安防及道路安防场景高清视频回传。

图 2-7　智慧机场

图 2-8　平安城市视频监控

2.4　相关标准规范

无源全光园区网络相关标准包括技术要求、综合布线设计规范、综合布线验收规范和标准等,通过标准规范指导工程建设。

（1）GB/T 33845—2017 接入网技术要求　吉比特的无源光网络（GPON）。

（2）GB/T 39577—2020 接入网技术要求　10Gbit/s 无源光网络（XG-PON）。

（3）GB 50311—2016 综合布线系统工程设计规范。

（4）GB/T 50312—2016 综合布线系统工程验收规范。

（5）GBT 50374—2018 通信管道工程施工及验收标准。

（6）GB 51171—2016 通信线路工程验收规范。

（7）20X101—3 国家建筑标准设计图集　综合布线系统工程设计与施工。

（8）YD/T 1949.1—2009 接入网技术要求——吉比特的无源光网络（GPON）第 1 部分：总体要求。

（9）YD/T 1949.2—2009 接入网技术要求——吉比特的无源光网络（GPON）第 2 部分：物理媒质相关（CPMD）层要求。

（10）YD/T 1949.3—2010 接入网技术要求——吉比特的无源光网络（GPON）第 3 部分：传输汇聚（TC）层要求。

（11）YD/T 1949.4—2011 接入网技术要求——吉比特的无源光网络（GPON）第 4 部分：ONT 管理控制接口（OMCI）要求。

（12）YD/T 2000.1—2014 平面光波导集成光器件　第 1 部分：基于平面光波导（PLC）的光功率分路器。

（13）YD/T 3691.1—2020 接入网技术要求　10Gbit/s 对称无源光网络（XGS-PON）　第 1 部分：总体要求。

（14）YD/T 3691.2—2020 接入网技术要求　10Gbit/s 对称无源光网络（XGS-PON）　第 2 部分：物理媒质相关（PMD）层要求。

（15）YD/T 3691.2—2020 接入网技术要求　10Gbit/s 对称无源光网络（XGS-PON）　第 3 部分：传输汇聚（TC）层要求。

（16）YD 5207—2014 宽带光纤接入工程验收规范。

（17）T/CECA 20002—2019 无源光局域网工程技术标准。

第 3 章

选择无源全光园区网络的原因

3.1 无源全光园区网络的优势

无源全光园区网络是近几年来高速发展的一种先进的全光园区网络,和传统的以太网园区相比,其具有架构简洁、传输介质先进、支持平滑演进、管理简单等优势,且支持园区网络未来长期的发展和演进。

3.1.1 光纤介质性能优于以太网线

无源全光园区网络主要是采用光纤替代传统方案的以太网线,光纤具有体积小、节省空间、成本低等优势。

无源全光园区网络实现光进铜退,使用光纤作为主要传输介质,替代传统以太网方案中的以太网线。以太网线主要采用铜线线芯,铜属于有色金属,资源有限。光纤的原材料为二氧化硅,二氧化硅来源于沙子,而沙子在地球上取之不尽,用之不竭。

除了资源和成本优势外,如图 3-1 所示,和以太网线相比,光纤在典型速率、传输距离、质量、抗干扰能力、生命周期等方面都具有明显的优势。

3.1.2 无源汇聚节省弱电机房

无源全光园区网络是在成熟的 PON 技术上进行了增强,中间采用无源的分光器设备替换有源的交换机设备,不需要独立的汇聚和接入弱电机房,节省了空间。

如图 3-2 所示,在无源全光园区网络中,使用无源的 ODN 设备来替换传统网络中的汇聚和接入交换机设备,由于 ODN 为无源设备,因此不需要考虑 ODN 的供电,也

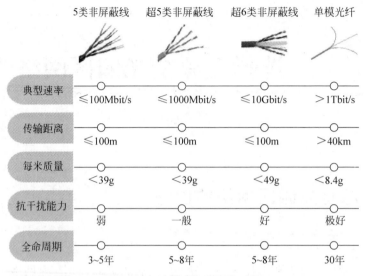

图 3-1　光纤和以太网线的对比

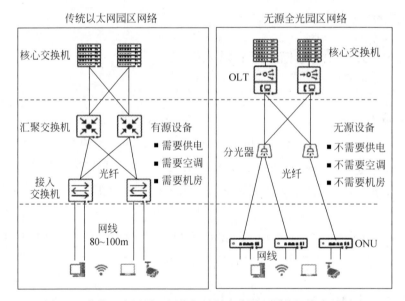

图 3-2　传统以太网园区网络与无源全光园区网络机房占用对比

不用考虑增加空调制冷,节省了大量的电能消耗。并且 ODN 设备体积较小,不需要单独的弱电机房来安装 ODN 设备,节省弱电机房。

　　由于采用无源分光器替代了有源的汇聚交换机,减少了一层的汇聚,故无源全光园区网络的架构更加简洁。

3.1.3 带宽升级无须更换光纤

无源全光园区采用无源光网络技术,在成熟的 PON 技术上进行了增强,带宽升级方便,可以支持面向未来平滑的演进,中间的光纤和无源分光器不需要修改。

如图 3-3 所示,无源全光园区网络采用无源光网络技术,采用光纤作为主要传输介质,中间采用无源分光器,除了两端设备(OLT 和 ONU 设备)外,整个 ODN 网络都是无源设备。带宽升级的时候不需要更改无源设备(光纤网络可以利旧),只需要升级两端的有源设备即可。

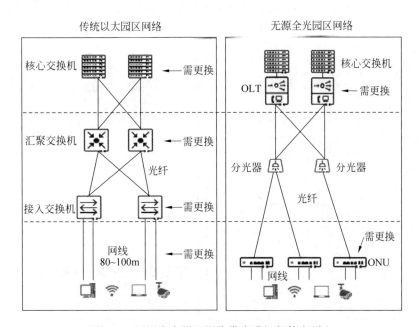

图 3-3 无源全光园区网络带宽升级部件变更少

当前光纤的容量可以达到 Tbit/s 级别,且使用寿命长,一般来讲可以使用 30 年以上,无源全光园区带宽升级时,可重复使用光纤基础设施,有成本低且升级快的特点。

例如从 Wi-Fi 5 升级到 Wi-Fi 6 时,网络改造仅需把两端有源设备(OLT 设备和 ONU 设备)GPON 设备升级为 10G PON 设备即可,甚至只需要更换光模块即可,相对传统网络重新更换线缆来讲方便和快捷了很多。

无源全光园区网络和传统以太园区网络相比,在带宽升级时(如从 1000Mbit/s 升

级到 10Gbit/s,或者从 10Gbit/s 升级到 25G/50Gbit/s 等),无源全光园区网络更改的
部件更少。

3.1.4 简化运维一人一园区

无源全光园区采用无源光网络技术,ONU 由 OLT 统一管理,极大减少了管理节
点,业务部署和网络维护更加简单高效。

如图 3-4 所示,在无源全光园区网络中,接入层的 ONU 设备并非独立网元,而是
由核心层的 OLT 统一管理,可以理解成 ONU 设备是 OLT 设备的一个远端功能模
块。因此在业务发放和部署时,仅需要在 OLT 设备上统一配置即可。

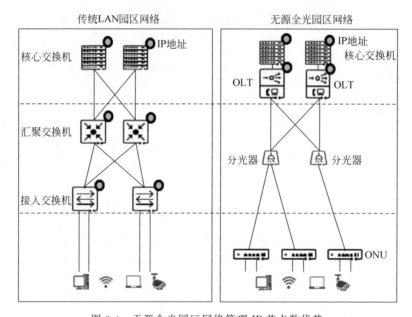

图 3-4 无源全光园区网络管理 IP 节点数优势

无源光网络技术支持多业务接入,可以通过一根光纤支持多种业务接入,如高速
上网、Wi-Fi 6 接入、传统电话和有线电视接入等,不需要像传统方案那样每种业务需
要一个单独的网络。

ONU 支持即插即用免配置部署,借助网管系统,可以自动地完成设备上线和业务
发放,做到业务快速开通。由于网络架构简单,中间 ODN 设备无源,所以故障率非常
低,众多的终端设备可通过网管系统和 OLT 统一管理运维。无源全光园区网络的维
护比较简单,大多数场景的网络维护可以做到一人一园区。

3.2 无源全光园区网络与其他网络方案的对比

园区网络的建设方案有传统园区方案、FTTH 方案和无源全光园区网络方案,对比之后就会发现无源全光园区网络方案独特地使用 PON 无源光技术来建设园区网络,具备网络架构简单、点到多点更节省光纤资源且接入更多信息点、无源设备及有源设备节能环保且安全等特点,是面向未来的园区网络建设的最佳方案。

3.2.1 与传统园区方案的对比

无源全光园区是一种创新的园区解决方案,和传统以太网方案及传统以太网变化方案(全光以太网方案)相比,无论在网络架构、采用的技术,还是在部署安装等方面都进行了创新。

1. 无源全光园区网络与传统以太网园区方案对比

传统以太网方案、极简以太网全光方案以及无源全光园区方案从网络架构、采用技术和弱电间是否有源三个维度进行了对比(表 3-1)。三种方案的网络架构如图 3-5 所示。

表 3-1 无源全光园区和传统园区的对比

方 案	网络架构	采用技术	弱电间是否有源
传统以太网方案	三层网络	点对点	• 有源 • 有源设备:楼宇/楼层弱电间有交换机
全光以太网方案(极简以太网全光方案)	三层网络	点对点	• 有源 • 有源设备:楼宇弱电间有交换机
无源全光园区方案	二层网络	点对多点	• 无源 • 无源设备:无源分光器

1)传统以太网方案

传统以太网方案采用的是传统的三层网络架构(核心层/汇聚层/接入层),核心层的核心交换机放置于核心机房,汇聚层的汇聚交换机放置于楼宇弱电间或楼层弱电间,接入层的接入交换机放置于楼层弱电间。

传统以太网方案中,核心交换机和汇聚交换机之间,汇聚交换机和接入交换机之

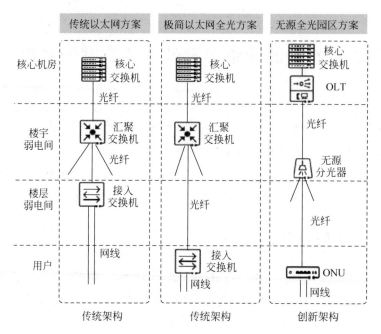

图 3-5　无源全光园区网络和传统园区网络对比

间采用光纤连接,但是接入交换机仍然是通过 100m 以内以太网线连接房间内的终端设备,距离和带宽仍受到以太网线缆的限制。

　　传统以太网方案中,汇聚交换机和接入交换机采用点对点的技术进行通信,需要采用有源设备汇聚交换机等进行端口的汇聚。

　　传统以太网方案中,汇聚交换机和接入交换机需要放置在楼宇或楼层弱电间中,弱电间中还需要考虑有源设备交换机设备的供电、散热、消防等。

　　2) 极简以太网全光方案

　　极简以太网全光方案采用的也仍是传统的三层网络架构(核心层/汇聚层/接入层),核心层的核心交换机放置于核心机房,汇聚层的汇聚交换机放置于楼宇弱电间,接入层的接入交换机放置在房间内。

　　极简以太网全光方案中,核心交换机和汇聚交换机之间,汇聚交换机和接入交换机之间采用光纤连接,汇聚交换机和接入交换机采用点对点的技术进行通信,需要采用有源设备汇聚交换机等进行端口的汇聚。

　　极简以太网全光方案中,汇聚交换机放置在楼宇或者楼层弱电间中,弱电间中还需要考虑有源设备交换机设备的供电、散热、消防等。

3）无源全光园区方案

无源全光园区方案采用的是创新的二层网络架构（核心层/接入层），核心层的核心交换机和 OLT 设备放置于核心机房，接入层的 ONU 设备放置于房间内。

无源全光园区方案中，OLT 和 ONU 之间采用光纤连接，OLT 和 ONU 之间采用的是点对多点的技术进行通信，中间采用无源的分光器进行光纤的合路和分路，不需要采用有源设备进行端口的汇聚。

无源全光园区方案中，已经取消了汇聚层设备，弱电间中不需要部署有源设备，因此不再需要考虑弱电间的供电、散热、消防等。

2．无源全光园区网络与传统以太网全光扩展方案对比

全光以太网方案（极简以太网全光方案）也存在着一个新的组网方式——以太网全光扩展方案，如图 3-6 所示，在极简以太网全光方案的基础上把汇聚交换机取消，直接把接入交换机的上行以太网接口通过光纤连接到核心交换机中。但这在实际部署中是不可行的，主要是因为从接入交换机到核心交换机之间的光纤太多了，且占用核心交换机所需的以太网端口也太多了。

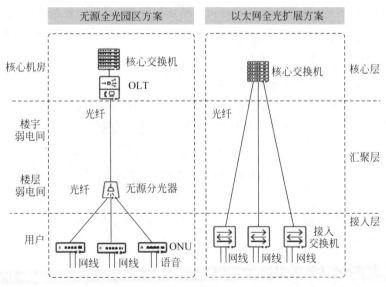

图 3-6　无源全光园区网络和传统以太网全光扩展方案对比

例如，某个园区有约 2000 个信息点，如果采用的是 4 端口的光以太网接入交换机，那么需要约 500 个，由于通用的以太网交换机都是采用双纤双向的光模块，所以需

要 $500 \times 2 = 1000$ 芯的光纤接到核心机房,另外核心交换机也需要配置至少 500 个以太网端口及相应的光模块。核心交换机的端口非常昂贵,另外配置这么多的以太网端口和光模块,能耗等也会非常高,不利于节能减排。

综上所述,受建设价格和功耗等影响,取消汇聚交换机的以太网全光扩展方案在实际上很难商用。

3.2.2 与 FTTH 方案的对比

无源全光园区采用的接入技术与 FTTH 采用的接入技术是同源的,都是基于成熟的 PON 接入技术进行开发和扩展。不同的是,由于服务的客户和要求不同,无源全光园区是在原来 FTTH 的基础上做了比较多的增强,以满足企业网络客户的多样性、可靠性和安全性等的要求。

1. 支持更多样性的终端设备

FTTH 主要用于家庭接入的客户,其提供的业务相对也比较简单,通常是提供上网业务(需要普通的以太网接口)、语音业务(需要普通的 POTS 接口)、Wi-Fi 接入的功能等。安装位置上,通常放置在家庭入户的信息箱内,或者放置在电视机或者 PC 旁边。通常 FTTH 的 ONT 设备是普通的盒式设备,一般是一个家庭安装一个 ONT,这个 ONT 的所有端口服务一个家庭客户。

无源全光园区主要用于企业接入的客户,其根据客户的需要提供各种接口和各种形态的 ONU 设备。除了需要接 PC 等设备外(需要提供普通的以太网接口),还需要接园区内的监控摄像头和无线 AP 设备(这些设备需要 ONU 提供 PoE 供电,故 ONU 需要提供支持 PoE 的以太网接口)。在酒店场景中,还需要对接电视等终端(ONU 需要提供 RF 接口)。如果还需要接 Wi-Fi 6 AP 设备,则需提供更高带宽的万兆以太网接口等。

从安装场景看,无源全光园区的安装场景更多样化,ONU 除了需要支持在信息箱安装之外,还需要考虑在办公桌下安装,或者在 Wi-Fi 6 AP 中,ONU 需要支持做成 SFP ONU 的形态,安装在 Wi-Fi 6 AP 中,以太网端口也有 4 个以太网端口或 8 个以太网端口等多种不同的形态。

从应用上看,无源全光园区里的 ONU 并不仅仅是服务一个家庭或一个客户。例如,8 个以太网端口的 ONU 服务 8 个信息接入点,可能是 8 个用户,每个用户之间可能是需要隔离而不是类似 FTTH 那样互通的。

2. 支持更高可靠性

FTTH 主要用于家庭接入的客户,对成本的要求比较高,对可靠性的要求相对而言比较低,所有 OLT 和 ONU 之间基本没有采用类似 Type B/C 等保护措施。

无源全光园区是针对企业客户(包括一些有更高要求的医疗、金融、政企等客户)使用,这些客户对可靠性的要求远高于 FTTH 客户,所以在 OLT 和 ONU 之间的保护上,无源全光园区在 FTTH 的基础上基于成熟的 PON 技术做了大幅增强,提供了 Type B 和 Type C 保护功能,而且支持两台 OLT 的 Type B 和 Type C 双归属保护功能,极大地提升了整个组网的可靠性。

3. 支持更高安全性

FTTH 主要用于家庭接入的客户,通常情况下,ONU 的以太网端口是默认打开的,所接的 PC 等采用的是 PPPoE 的认证方式,认证通过之后,PC 可以上网。

无源全光园区是针对企业客户使用的,这些客户的安全性要求更高。所以无源全光园区在安全性上做了增强,通常情况下,ONU 的以太网端口是默认关闭的,需要通过类似 802.1x 等认证之后才支持把以太网端口打开。

4. 支持更多业务种类

FTTH 主要用于家庭接入的客户,其支持的业务相对也比较简单,通常提供上网业务、语音业务和 IPTV 的视频业务。

无源全光园区是针对企业客户,与主要以上网和视频业务为主的家庭宽带用户不同,园区智能化和自动化带来了业务种类的大幅提升,园区交通、门禁、安防、视频监控、Wi-Fi 覆盖、语音等多种业务对网络业务承载能力提出了更高的要求。面对如今日益增多的多业务环境,无论是从标准、设备,还是从业务承载能力上,都需要做到一个网络支撑全业务的需求。

5. 支持更高运维要求

FTTH 主要用于家庭接入的客户,而且用户数量很多,各大运营商培养了一大批专业维护人员,可以提供比较专业的运维服务。

无源全光园区针对的是企业客户,很多企业的用户数量较少,运维人员也比较少,他们需要管理多种设备，没有足够的时间和精力来对无源全光园区进行非常细致的管理。这就要求无源全光园区的 OLT、ONU、Wi-Fi 终端等多种接入设备可以在一个网络中统一管理，为维护者提供运维可视化管理，为使用者提供体验可视化管理。同时可以实时监控网络的使用情况，主动识别用户和业务的体验问题，发现潜在故障并识别根本原因，最终给出修复建议甚至自动修复，监控网络质量的变化趋势，提前分析、预测网络问题及升级扩容需求，且给出建议。

第 4 章

无源全光园区网络关键技术

4.1 PON 技术

无源全光网络基础技术为 GPON/10G GPON 及后续的 PON 演进技术(以下简称 PON)。无源全光园区采用成熟的 PON 技术,并针对园区的特点,在成熟的 PON 技术上对安全性和可靠性进行增强,同时简化了运维配置。

4.1.1 PON 技术起源

宽带有线通信技术包括铜线通信技术和光纤通信技术两种。自 1966 年华裔科学家高锟先生奠定了光纤通信理论基础之后,光纤通信技术便进入了高速发展的阶段。铜线通信技术的带宽和传输距离受限,而光纤通信技术发展迅速,业界都在积极地向光纤通信技术演进。

PON 技术属于光纤通信技术的一种,已经在 FTTH 场景中成熟应用超过十年。而无源全光园区网络基于成熟的 PON 网络发展而来,兼具 PON 网络和全光园区的优势和特点。

光纤通信有以下三种不同的实现方式。

1. 以太 P2P 组网

如图 4-1 所示,以太 P2P(Point-to-Point,点到点)组网从 CO(Central Office,中心机房)到每个用户家中,每个用户均是单独的一根光纤,进行点对点的连接。

优点:每个用户都是光纤专用接入,独占带宽,不受其他用户的影响,在物理光纤上进行隔离。

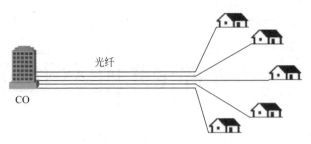

图 4-1　P2P 组网方式

缺点：每个用户单独占用一根光纤，占用的光纤数量太多，对光纤芯数和安装空间的要求比较高，导致光纤的物料成本和工程安装成本大幅增加。

2. 以太 P2MP 组网

采用光纤的以太 P2P 组网需要消耗大量的光纤，为了降低光纤的物料成本和工程安装成本，可采用远端有源汇聚的以太 P2MP（Point-to-Multipoint，点到多点）组网方式。如图 4-2 所示，其具体实现是在用户侧放置一台有源交换机，将多根光纤汇聚成单根或两根光纤后上行到 CO 端，从而减少主干光纤的数量。

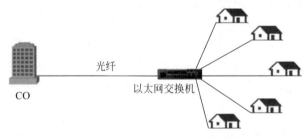

图 4-2　以太 P2MP 组网方式

优点：主干光纤数量减少，光纤物料成本和工程安装成本降低。

缺点：由于在光纤中间增加了一个有源设备，需要额外增加远端机房、供电设备、散热设备等，加大了管理维护的工作量，增加了出现网络故障的概率。

3. PON P2MP 组网

远端有源汇聚的以太 P2MP 组网方式需要额外增加远端机房等设施，建网成本和维护成本急剧增加，所以业界针对上述组网方案进行了创新。如图 4-3 所示，采用了 PON 技术，将以太 P2MP 组网方式的远端有源设备简化为无源分光器，实现远端的无

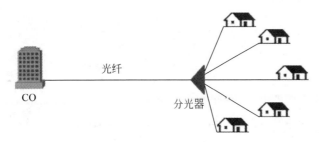

图 4-3　PON P2MP 组网方式

源汇聚。

采用 PON 技术的远端无源汇聚 P2MP 组网方式,减少了远端机房,且不需要给无源汇聚设备供电。

另外,有源设备到无源设备的简化,降低了雷击和电磁干扰的影响,降低了线路和外部设备的故障率,大幅降低了运维成本。

PON 远端无源汇聚的 P2MP 组网方式兼顾了以太 P2MP 组网的优势,又规避了以太 P2MP 组网的劣势。

PON P2MP 组网方式中间为无源分光器,除了 CO 端和用户侧设备,中间网络由光纤和无源分光器组成,所以 PON P2MP 组网演进只需更换两端设备,中间网络支持后续的长期演进。

4.1.2　PON 网络架构与部件

如图 4-4 所示,PON 采用的是点到多点(P2MP)的网络架构。PON 网络是一个二层网络架构,网络中只有两端的 OLT 和 ONU 部件是有源部件,中间的 ODN 网络都是无源部件,OLT 统一对所有的 ONU 进行管理。

PON 网络主要由以下三个部件构成。

(1) OLT(Optical Line Terminal,光线路终端):一般放置在中心机房,是终结 PON 信号的汇聚设备,通过 PON 接口和 ODN 网络连接,对 ONU 进行集中管理。

(2) ODN(Optical Distribution Network,光分配网络):ODN 是由光纤、一个或多个无源分光器(Splitter,也叫无源光分路器)等无源光器件组成的无源网络。OLT 和 ONU 通过中间的无源光分配网络 ODN 连接起来进行通信。

(3) ONU(Optical Network Unit,光网络单元):放置在用户侧,提供各种接口连接用户终端设备(如用户的 PC、机顶盒、摄像头、无线 AP、打印机、话机等),将用户终

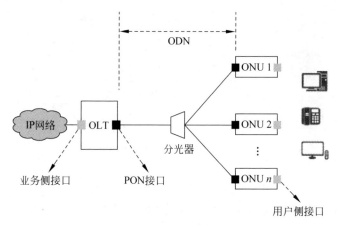

图 4-4　PON 网络架构

端设备信号转换成 PON 信号,通过 PON 上行接口与 ODN 连接后传输给 OLT,OLT
将接收到的 PON 信号处理后进行业务转发处理。

1. OLT 设备介绍

OLT 设备是 PON 网络的核心部件,其主要功能是完成多个 PON 接口的汇聚,进
行 PON 业务处理以及 ONU 的管理。

1) OLT 功能模块介绍

如图 4-5 所示,中华人民共和国国家标准 GB/T 33845—2017 中定义了 OLT 的功
能模块。OLT 功能模块由 PON 核心功能模块、二层交换功能模块和业务功能模块三
部分组成,各部分基本功能如下。

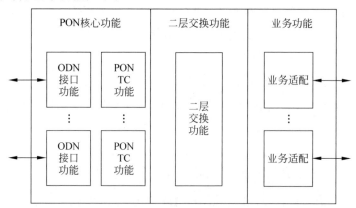

图 4-5　OLT 功能模块

　　(1) PON 核心功能模块：由 ODN 接口功能和 PON TC 功能两部分组成。PON TC 功能包括成帧、媒质接入控制、OAM、DBA，为二层交换功能提供 PDU 定界和 ONU 管理。

　　(2) 二层交换功能模块：提供了 PON 核心功能模块和业务功能模块之间的通信通道。连接这个通道的技术取决于业务、OLT 内部结构等。

　　(3) 业务功能模块：提供业务接口和 PON TC 帧接口之间的转换。

　　2) 业务转发处理流程

　　下行方向：OLT 将接收的以太信号进行汇聚处理，首先判断应送到哪个 PON 端口，然后将以太信号转换为 PON 信号，再将 PON 信号发送到业务单板的 PON 端口，最后 PON 端口通过 ODN 网络发送至 ONU 设备。

　　上行方向：OLT 通过 PON 端口控制所连接 ONU 的发送时隙(也控制分配各个 ONU 的上行带宽)，确保不同的 ONU 发送的数据能无冲突地到达 OLT。OLT 的每个 PON 端口接收到 PON 信号后，转换为相应的以太信号，通过 OLT 的上行接口发送到上层网络设备。

　　3) 管理 ONU 设备

　　OLT 对其所连接的 ONU 进行管理。GPON 和 10G GPON 系统中，OLT 通过 OMCI(ONU Management and Control Interface，ONU 管理和控制接口)协议对 ONU 进行统一管理，支持对 ONU 的业务配置、告警管理、软件升级等操作。

2. ONU 设备介绍

　　ONU 设备是 PON 网络的业务接入点。ONU 的主要功能是完成用户终端业务的接入和转换，通过 ODN 网络传输至 OLT 设备。

　　1) ONU 功能模块介绍

　　如图 4-6 所示，中华人民共和国国家标准 GB/T 33845—2017 中定义了 ONU 的功能模块，ONU 功能模块和 OLT 功能模块设置相似。ONU 通过 PON 接口接收业务流信号(使用一个 PON 接口或者出于保护的目的，也可以使用 2 个 PON 接口，甚至更多的 PON 接口)，使用业务复用和解复用模块来处理业务流。

　　2) 业务转发处理流程

　　下行方向：ONU 对接收到的来自 OLT 的信号进行判断，如果不是发给本 ONU 的信息，直接在 PON 层丢弃，不会转换为以太网帧。如果是发给本 ONU 的信息，通过专有的密钥解密之后，转换为相应的报文(以太网端口的转换为以太网报文，POTS

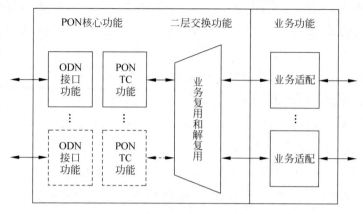

图 4-6　ONU 功能模块

语音接口的转换为语音信号）发送到对应的用户侧端口到达用户终端设备。

上行方向：ONU 将不同的用户侧端口接收到的各种报文（以太网端口的以太网报文，POTS 语音接口的语音信号），采用专有的加密密钥进行加密之后，按照 OLT 分配的上行发送时隙和业务等级，通过 ODN 网络发送到 OLT 设备上。

ONU 的上行和下行带宽是由 OLT 设备进行分配的。

3）设备管理

在 PON 网络中，ONU 设备不需要独立的管理 IP 地址，而是通过 OMCI 管理协议接受 OLT 的远程集中管理。

3. ODN 设备介绍

ODN 设备的主要功能是将 OLT 设备和 ONU 设备连接起来，主要包括 SPL（Splitter，无源分光器）、ODF（Optical Distribution Frame，光纤配线架）、皮线光缆、光纤等。

1）无源分光器

无源分光器是 ODN 的一个重要组成部件，无源分光器完成了将一根主干光纤的光信号分到 2、4、8、16…根分支光纤上，或者将 2、4、8、16…根分支光纤上来的光信号合到一根主干光纤上的功能。

无源分光器为无源设备，不需要供电，也不会发热，所以也不需要空调等制冷，可以很方便地部署在信息箱等地方。

无源分光器只是完成功率的分配，不进行光波长的分配，所以无源分光器的成本比较低。

　　按照制造工艺的不同,无源分光器主要分为 FBT(Fused Biconical Taper,熔融拉锥式)型和 PLC(Planar Lightwave Circuits,平面光波导)型两种。

　　FBT 熔融拉锥式分光器技术原理如图 4-7 所示。熔融拉锥技术是将 2 根或者多根光纤捆在一起,然后在拉锥机上熔融拉伸,并实时监控分光比的变化;分光比达到要求之后,结束熔融拉伸。

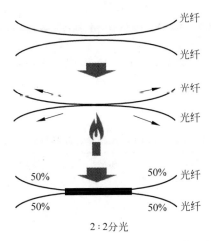

图 4-7　FBT 熔融拉锥式分光器的熔融拉锥技术

　　2 根光纤可以制成 2∶2 分光,如果要 1∶2 分光,就把其中一根输入剪掉,就变成了 1∶2 分光,但是剩下那根光纤的光功率也只有 50%。

　　如图 4-8 所示,如果需要 2∶8 或者更大的分光比,需要将多个 2∶2 的分光器进行叠加。

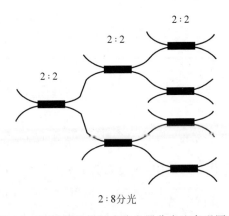

图 4-8　FBT 熔融拉锥式分光器分光比实现原理

PLC 型分光器的技术原理如图 4-9 所示,PLC 平面光波导是基于光学集成技术,利用半导体工艺制作光波导分支器件,分路的功能在无源光芯片上完成,然后在无源光芯片两端分别耦合封装输入端和输出端多通道光纤阵列。

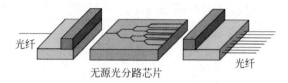

光纤　　　　　　　　无源光分路芯片　　　　　　　光纤

图 4-9　PLC 型分光器技术原理

不管是 FBT 熔融拉锥式分光器,还是 PLC 型分光器,都只是光功率的分配,不涉及具体带宽的分配。中华人民共和国通信行业标准 YD/T 2000.1—2014 中定义了 PLC 分光器的衰减情况,如表 4-1 所示。

表 4-1　PLC 分光器的光学特性

光分离器规格	PLC 器件插入损耗/dB	工作波长/nm	工作温度/℃
1:2	≤3.8		
1:4	≤7.4		
1:8	≤10.5		
1:16	≤13.5		
1:32	≤16.8		
1:64	≤20.5	1260~1650	-40~85
2:2	≤4.0		
2:4	≤7.6		
2:8	≤10.8		
2:16	≤13.8		
2:32	≤17.1		
2:64	≤20.8		

注:插入损耗的测试波长为 1310nm、1490nm 和 1550nm,如果是 1260~1300nm 和 1600~1650nm 波长区间的插入损耗,在表中对应数值的基础上增加 0.3dB。

2) 分光方式介绍

分光器从光功率的分配上看,又分为等比分光和不等比分光两种形式。

如图 4-10 所示,在等比分光器中,从分光器出来的光纤中的光功率是相同的,假设从 OLT 向分光器输入的光功率为 100%,如果采用的是 1:4 的分光器,分光器出来的每根光纤上所分得的光功率都是 25%。如果是采用 1:8 的分光器,那么分光器出来

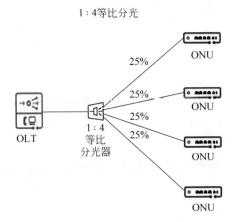

图 4-10　等比分光组网示意图

的每根光纤上所分得的光功率都是 12.5%。

　　如图 4-11 所示,在不等比分光器中,从分光器出来的光纤中的光功率是不相同的,而是根据设定的值输出光功率。假设从 OLT 向分光器输入的光功率为 100%,如果采用的是 90∶10(即 90%∶10%)不等比分光器,则分光器的一路输出为 90% 的光功率,另外一路输出为 10% 的光功率。

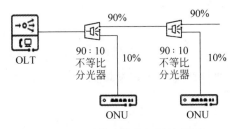

图 4-11　不等比分光组网示意图

　　不等比分光器主要用于长距离、链型组网的情况,如用在高速公路的视频监控或油气管道的视频监控等场景。

4.1.3　PON 工作原理

　　PON 按照复用技术分为三种,分别是 TDM(Time Division Multiplexing,时分复用)PON、WDM(Wavelength Division Multiplexing,波分复用)PON 和 TWDM(Time and Wavelength Division Multiplexed,时分波分复用)PON。

当前在无源全光园区网络中主要使用的是 TDM PON 技术，本章节主要针对 TDM PON 进行介绍（书中将 TDM PON 简称为 PON）。

1. 工作原理概述

PON 系统如图 4-12 所示，PON 系统上行方向和下行方向采用不同的波长进行数据承载，采用波分复用原理实现上行和下行不同波长在同一个 ODN 网络上传输，实现单纤双向传输。

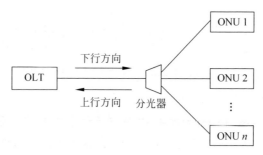

图 4-12　PON 系统传输原理

以 GPON 系统为例，系统工作原理如下。

(1) GPON 网络采用单根光纤将 OLT、分光器和 ONU 连接起来，上行和下行采用不同的波长进行数据承载。上行方向采用 1290～1330nm 的波长，下行方向采用 1480～1500nm 的波长。

(2) GPON 系统采用波分复用的原理通过上行和下行不同波长在同一个 ODN 网络上进行数据传输，下行通过广播的方式发送数据，而上行通过 TDMA 的方式，按照时隙进行数据上传。

2. 上行工作原理

PON 上行方向的基本原理如图 4-13 所示。

PON 上行方向采用的是 TDM 时分复用的方式，这样保证 ONU 的报文上传到 OLT 的过程中不会产生冲突。

ONU 收到用户侧终端设备如 PC、AP 等发送的数据报文后，向 OLT 申请发送数据报文。OLT 根据各 ONU 的带宽申请情况，通过多点控制协议 MPCP 控制每个 ONU 在指定的时间起始点发送指定时间长度的数据，给不同的 ONU 分配不同的时隙，各个 ONU 就在分配给自己的时隙内有序发送数据报文。

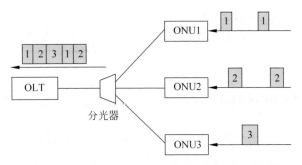

图 4-13　PON 上行方向工作原理

通过 OLT 控制的时分复用方式,多个 ONU 可以共享整个上行带宽,同时考虑到 ONU 的距离不同,PON 通过光纤长度测距补偿等关键技术,确保多个 ONU 在同一个光纤上传输数据不会出现信号碰撞问题。

在 PON 的上行方向,受光分路器的实现原理和光信号的直线传输所限,光信号只会发往 OLT,而不会发到其他 ONU,所以上行方向相当于点对点的传输。同时从安全性上考虑,PON 的上行方向使用了安全加密等措施,保障了园区业务的安全性。

3. 下行工作原理

PON 下行方向的基本原理如图 4-14 所示,PON 下行方向采用的是广播方式。

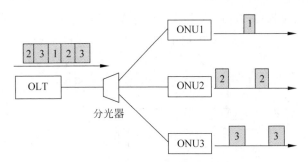

图 4-14　PON 下行方向工作原理

在下行方向,OLT 发送的数据报文通过 ODN 网络广播给各个 ONU,发往 ONU 的数据报文携带不同 ONU 的标识,各 ONU 根据报文中的 ONU 标识选择接收发给自己的数据报文,丢弃发给其他 ONU 的无效报文。

由于 OUN 仅选择接收属于自己的数据报文,所以 ONU 转发给用户侧接口的数据报文仅仅是用户终端设备所需要的报文,其他不是发往这个用户设备的报文已经在 ONU 的 PON 端口丢弃,不会发往该 ONU 的用户侧接口,确保了数据报文的安全性。

此外,OLT 和 ONU 之间还做了增强安全处理,OLT 和不同 ONU 之间采用不同的密钥来加密报文并进行发送,其他的 ONU 即使收到别的 ONU 的报文,但是没有密钥也无法识别,保障了业务的安全性。

4.1.4　PON 带宽分配

PON 上行方向是多个 ONU 通过时分复用方式共享,对数据通信这样的变速率业务不适合。例如按业务的峰值速率静态分配带宽,则整个系统带宽很快就被耗尽,而且带宽利用率很低,所以需要采用 DBA(Dynamic Bandwidth Assignment,动态带宽分配)提升系统的带宽利用率。

对于从 ONU 到 OLT 的上行传输,多个 ONU 采用时分复用的方式将数据传送给OLT,必须实现对上行接入的带宽控制,以避免上行窗口之间的冲突。

DBA 在 OLT 系统中专用于带宽信息管理和处理,是一种能在微秒级或毫秒级的时间间隔内完成对上行带宽的动态分配的机制。在 OLT 系统中,在上行方向可以基于各个 ONU 进行流量调度。

DBA 的实现过程如图 4-15 所示,ONU 如果有上行信息发送,会向 OLT 发送报告申请带宽,OLT 内部 DBA 模块不断收集 DBA 报告信息进行计算,并将计算结果以BW Map(Bandwidth Map,带宽地图)的形式下发给各 ONU。各 ONU 根据 OLT 下发的 BW Map 信息在各自的时隙内发送上行突发数据,占用上行带宽。这样就能保证每个 ONU 可以根据实际的发送数据流量动态调整上行带宽,提升了上行带宽的

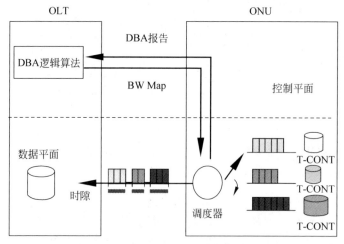

图 4-15　DBA 实现过程

利用率。

DBA 对 PON 的带宽应用情况进行实时监控,OLT 根据带宽请求和当前带宽利用情况及配置情况进行动态的带宽调整。

DBA 可以带来以下好处。

(1) 可以提高 PON 端口的上行线路带宽利用率,动态调整比静态分配带宽利用率更高,也可以避免带宽浪费。

(2) 用户可以享受到更高带宽的服务,特别适用于带宽突变比较大的业务需求。

PON 的上行方向采用 DBA 进行带宽的分配,每个 ONU 的带宽是由 OLT 集中控制和分配的,在带宽的分配上,可以支持"独享＋共享"的方式,实现带宽利用的最大化。

(1) 每个 ONU 可以单独配置一个独享的带宽,如配置为 Fixed(固定)带宽,或者 Assured(保证)带宽(Fixed 带宽的分配优先级要高于 Assured 带宽)。

(2) Fixed 带宽是不能共享的,OLT 给某个 ONU 分配了 Fixed 带宽之后,如果本 ONU 没有报文需要发送,Fixed 带宽也会为这个 ONU 继续保留。

(3) Assured 带宽指的是,某个 ONU 配置了 Assured 带宽之后,如果这个 ONU 需要发送报文,配置了的 Assured 带宽一定可以被该 ONU 使用,不会被其他 ONU 所抢走,但若某个 ONU 配置了 Assured 带宽,自己此时又不使用,这部分的带宽会被分给其他 ONU 共享。

(4) 每个 ONU 可以在配置了独享带宽之后,再配置一个共享带宽(Non Assured 和 Best-Effort)。这种配置下,如果某个 ONU 需要突发一个大的带宽,而其他 ONU 暂时没有大带宽发送时,该 ONU 可以把其他 ONU 不用的带宽拿过来使用。采用这种配置,某个 ONU 在某个时刻可以支持千兆以上的带宽,从统计复用的角度看,各个 ONU 都有能力达到千兆的带宽。例如,当前的上网业务,也只是在打开网页的瞬间下载的流量会比较大,这个时候需要一个高带宽用于网页信息的下载。客户在浏览网页的时候,基本不需要下载流量,此时,这部分的流量就可以给别的客户使用。

带宽分配可以按照 ONU 为单位(甚至可以支持按照更细粒度的 T-CONT 为单位)进行分配,分配过程为总带宽分四轮按带宽类型的优先级进行分配,每轮对于含特定带宽的 ONU(或者更细粒度的 T-CONT)进行遍历计算。如图 4-16 所示,DBA 带宽的分配顺序如下。

(1) 第一轮保证 Fixed 带宽:无论 ONU 实际上行需求是多少,都按静态配置的值进行分配。

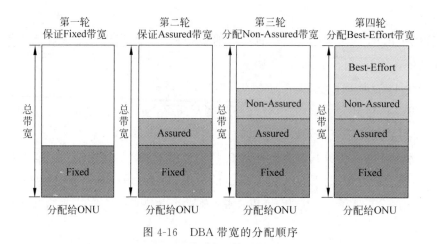

图 4-16　DBA 带宽的分配顺序

（2）第二轮保证 Assured 带宽：根据 ONU 实际上行需求进行分配，最大值为静态配置的 Assured 大小。

（3）第三轮分配 Non-Assured 带宽：当前两轮分配后有剩余时，对 Non-Assured 带宽有需求的 ONU 按策略进行分配。

（4）第四轮分配 Best-Effort 带宽：当前三轮分配后有剩余时，对 Best-Effort 带宽有需求的 ONU 均分剩余带宽。

4.1.5　PON 多 ONU 处理技术

1．测距技术

如图 4-17 所示，由于 PON 技术属于无源汇聚技术，所以上行方向需要确保各个不同物理距离下的 ONU 所发送的数据能按顺序到达 OLT，不能由于光纤传输时延导致不同 ONU 发送的数据报文到达 OLT 后产生冲突。

对 OLT 而言，各个不同的 ONU 到 OLT 的物理距离不相等，光信号在光纤上的传输时间不同，到达各 ONU 的时刻不同。此外，OLT 与 ONU 的 RTD（Round Trip Delay，环路时延）也会随着时间和环境的变化而变化。因此在 ONU 以 TDMA 方式（也就是在同一时刻，OLT 一个 PON 端口下的所有 ONU 中只有一个 ONU 在发送数据）发送上行信号时可能会出现碰撞冲突，为了保证每一个 ONU 的上行数据在光纤汇合后，插入指定的时隙，彼此间不发生碰撞，且不要间隙太大，OLT 必须对每一个 ONU 与 OLT 之间的距离进行精确测定，以便控制每个 ONU 发送上行数据的时刻。

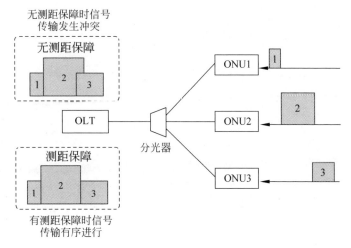

图 4-17　测距技术

测距的过程如下。

（1）OLT 在 ONU 第一次注册时就会启动测距功能，获取 ONU 的往返延迟 RTD，计算出每个 ONU 的物理距离。

（2）根据 ONU 的物理距离指定合适的均衡延时参数（Equalization Delay，EqD）。

OLT 在测距的过程需要开窗，即 Quiet Zone，暂停其他 ONU 的上行发送通道。OLT 开窗通过将 BWmap 设置为空，不授权任何时隙来实现。

通过 RTD 和 EqD，使得各个 ONU 发送的数据帧同步，保证每个 ONU 发送数据时不会在分光器上产生冲突。相当于所有 ONU 都在同一逻辑距离上，在对应的时隙发送数据即可，从而避免上行信号发生碰撞冲突。

2．突发光电技术

PON 上行方向采用时分复用的方式工作，每个 ONU 必须在许可的时隙才能发送数据，不属于自己的时隙必须瞬间关闭光模块的发送信号，才不会影响其他 ONU 的正常工作。

如图 4-18 所示，ONU 需要支持突发发送功能，ONU 的激光器应能快速地打开和关闭，防止 ONU 的发送信号干扰到其他的 ONU。

测距保证不同 ONU 发送的信元在 OLT 端互不冲突，但测距精度有限，一般为 ±1bit，不同 ONU 发送的信元之间会有几比特的防护时间（但不是比特的整数倍），如果 ONU 侧的光模块不具备突发发送功能，则会导致发送信号出现叠加，信号会失真。

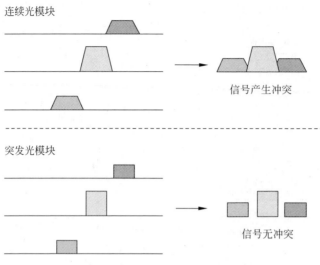

图 4-18　连续光模块和突发光模块发送信号对比

如图 4-19 所示,对于 OLT 侧,必须根据时隙突发接收每个 ONU 的上行数据,因此为了保证 PON 系统的正常工作,OLT 侧的光模块必须支持突发接收功能。

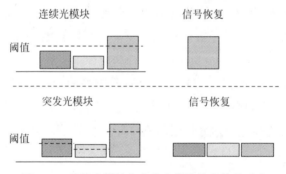

图 4-19　连续光模块和突发光模块接收信号对比

(1) 由于每个 ONU 到 OLT 的距离不同,所以光信号衰减对于每个 ONU 来讲都是不同的,这就可能导致 OLT 在不同时隙接收到的报文的功率电平是不同的。

(2) 如果 OLT 侧的光模块不具备光功率突变的快速处理能力,则会导致距离较远、光功率衰减较大的 ONU 光信号到达 OLT 的时候,由于光功率电平小于阈值恢复出错误的信号(高于阈值电平才认为有效,低于阈值电平则无法正确恢复)。动态调整阈值功能可以使 OLT 按照收光信号的强弱动态调整收光功率的阈值以保证所有 ONU 的信号可以完整恢复。

GPON 下行是按照广播的方式将所有数据发送到 ONU 侧的,因此要求 OLT 侧的光模块必须连续发光,ONU 侧的光模块也是采用连续接收方式工作的,所以在 GPON 下行方向,OLT 光模块不需要具有突发发送功能,ONU 光模块也不需要具有突发接收功能。

4.1.6　PON 安全保障技术

1. 物理介质保证传输安全

GPON 和对称 10G GPON 采用光纤作为传输介质,需要采用支持光接口的设备才能对接,相比以太网电接口而言更安全。

光纤和传统的以太网线缆相比,天然具有防电磁干扰的能力,在恶劣坏境的可靠性会更好。

2. 帧结构保证数据传输安全

如图 4-20 所示,PON 系统光纤中采用 PON 帧格式进行传输,而不是通用的以太网报文格式,采用通用的以太网抓包工具无法进行抓包分析,只有通过专业的昂贵的

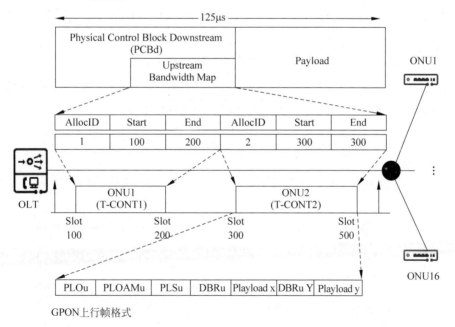

图 4-20　PON 上下行帧传输原理

PON 协议分析仪,才有可能进行抓包分析,保证了传输数据的安全性。

3．ONU 数据报文安全处理机制

PON 系统中下行数据采用广播的方式发送到所有的 ONU 上,通常情况下,每个 ONU 只处理发给自己的报文,丢弃非发给自己的报文。具体的处理过程如图 4-21 所示,非发给自己的 PON 报文在转换为以太网报文前被丢弃。

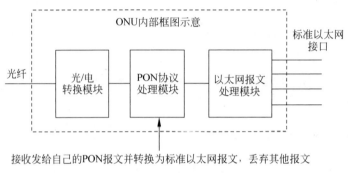

图 4-21　ONU 内部处理机制

(1) ONU 上的 PON 协议处理模块,判断接收到的 PON 报文是否发送给本 ONU,如果不是发送给本 ONU,直接丢弃,此时报文不会到达以太网处理模块。如果是发给本 ONU 的,再转换为以太网报文送到以太网报文处理模块。

(2) ONU 的每个以太网端口,只会看到该用户相关的报文。

(3) ONU 的多个以太网端口之间默认是互相隔离的,相互之间不能访问,只有需要互通时才能通过下发命令实现多个以太网端口之间的互通。

4．多 ONU 互相隔离安全

如图 4-22 所示,在 GPON 和对称 10G GPON 系统中,ONU 的上行信息是互相隔离的。

受限于光的直射性即光只能直线传输,所以每个 ONU 发送的光信号只能发送给 OLT 设备,无法反射到其他 ONU。所以 ONU 在上行方向是互相隔离的,无法接收到其他 ONU 发送的信息。

5．数据加密技术

PON 技术在正常情况下可以通过上述方式保证安全,但是因为 PON 下行传输采

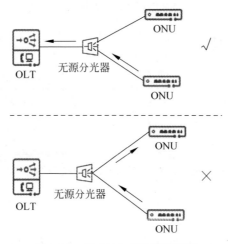

图 4-22　多 ONU 相互隔离原理

用的是广播方式,ONU 可以接收到其他 ONU 的下行数据,也存在一些不安全的因素,所以需要针对每个 ONU 进行数据加密操作。采用加密操作,既可以保证在光纤线路上无法被侦听识别,也可以实现多个 ONU 之间的互相隔离。

PON 系统采用线路加密技术解决这一安全问题。PON 系统采用加密算法将明文传输的数据报文进行加密,以密文的方式进行传输,提高安全性。

如图 4-23 所示,OLT 和 ONU 之间采用密钥进行加密后在光纤中传输。

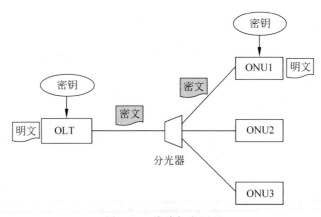

图 4-23　线路加密原理

(1) OLT 侧:OLT 将从上行以太网接口收到的以太网报文采用密钥加密之后,转换为 PON 协议帧,发送到 PON 下行的光纤中送往 ONU。

(2) ONU 侧:ONU 将从光纤中收到的 OLT 加密后的 PON 帧,采用同样的密钥解密并转换为以太网报文之后,从 ONU 的以太网接口发送到终端设备上。

6. 密钥定期更新机制

GPON 和对称 10G GPON 的 OLT 和 ONU 之间采用 AES128 进行加密。密钥由 ONU 生成,发给 OLT(避免了由 OLT 生成密钥,广播给 ONU,其他的 ONU 也会收到该密钥的风险),每个 ONU 加密的密钥会定时更新,减小密钥被捕获破解的可能性。

GPON 和对称 10G GPON 系统定期进行 AES 密钥的交换和更新,提高了传输数据的可靠性。

(1) OLT 发起密钥更换请求,ONU 响应并将生成的新的密钥发给 OLT。

(2) OLT 收到新的密钥后,进行密钥切换,使用新的密钥对数据进行加密。

(3) OLT 将使用新密钥的帧号通过相关的命令通知 ONU。

(4) ONU 收到使用新密钥的帧号后,在相应的数据帧上切换校验密钥。

多个 ONU 之间的加密处理如图 4-24 所示。

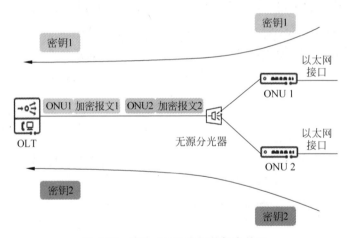

图 4-24　多个 ONU 之间的加密处理

7. ONU 认证技术

PON 系统的 P2MP 架构下行数据采用广播方式发送到所有的 ONU 上,这样会给非法接入的 ONU 提供接收数据报文的机会。

为了解决这个问题,如图 4-25 所示,PON 系统通过 ONU 认证确保接入的 ONU 的合法性,OLT 基于上报的认证信息(如序列号 SN、密码 Password)对 ONU 合法性

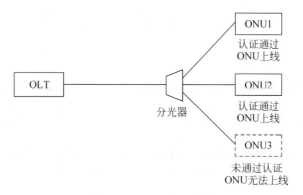

图 4-25　ONU 认证机制

进行校验,只有通过认证的合法 ONU 才能接入 PON 系统,ONU 认证上线后才可以传输数据。即 ONU 上电后,向 OLT 发起认证请求,认证成功后 ONU 才能上线,只有 ONU 上线才能够被 OLT 管理和配置业务。

4.1.7　PON 技术演进

随着大带宽业务的推出,GPON 存在带宽不足,不能满足最终用户需要的情况,故也需要开发下一代的 PON 技术,以提升 PON 线路上的带宽。

GPON 的下一代增强技术是 XG(S)-PON,又称 10G GPON,包括 XG-PON(10-gigabit-capable asymmetric PON,非对称 10 吉比特无源光网络)和 XGS-PON(10-gigabit-capable symmetric PON,对称 10 吉比特无源光网络)两种技术。

(1) XG-PON:下行线路速率为 9.953Gbit/s,上行线路速率为 2.488Gbit/s。

(2) XGS-PON:下行线路速率为 9.953Gbit/s,上行线路速率为 9.953Gbit/s。

1. 演进思路

10G GPON 支持 XG-PON ONU、XGS-PON ONU 和 GPON ONU 在同一个 ODN 下共存,支持不同种类的 ONU 平滑演进。

如图 4-26 所示,XGS-PON 和 GPON 的上下行方向都是通过波分共存。

(1) XG-PON 和 XGS-PON 的下行方向都是 10Gbit/s,下行方向采用 1577nm 波长窗口(1575~1580nm 波长),与 GPON 的下行 1490nm 波长窗口(1480~1500nm 波长)不冲突,通过波分复用方式共存。

(2) XG-PON ONU 的上行是 2.5Gbit/s,XGS-PON ONU 的上行是 10Gbit/s,两

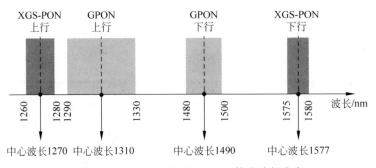

图 4-26　GPON 和 XGS-PON 技术波长分布

者都采用 1270nm 波长窗口(1260～1280nm 波长),和 GPON 的 1310nm 波长窗口(使用 1290～1330nm 波长)波分共存。

(3) XG-PON ONU 和 XGS-PON ONU 采用相同的波长窗口,采用时分共存,不同的 ONU 占用不同的时隙发送报文。

2. 演进方案

GPON 演进到 10G GPON,可采用 PON Combo 演进方案。

如图 4-27 所示,在 OLT 侧插入一块 XGS-PON 合一单板(XGS-PON Combo 板,包括 PON Combo 光模块),XGS-PON Combo 端口同时支持 XGS-PON 和 GPON,当需要将 GPON 升级为 XGS-PON 时,只需要将 GPON ONU 更换为 XGS-PON ONU 即可完成演进。GPON ONU、XG-PON ONU 和 XGS-PON ONU 在同一个 ODN 下共存。

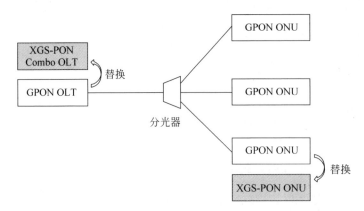

图 4-27　PON Combo 演进方案

GPON 演进到 XGS-PON,不需要变更 ODN 的连接关系,也就是说 ODN 网络可以利旧。

XGS-PON 和 GPON 支持共存,可以复用相同的 ODN 网络。由于 XGS-PON 和 GPON 之间采用的是波分共存技术,所以 GPON 和 XGS-PON 之间互相隔离,不会互相影响。

总之,GPON 以及 10G GPON 技术更适合于无源全光园区网络场景,GPON 向 10G PON 以及未来的 50G PON 平滑演进,更有利于满足园区业务需求,保护投资。

4.1.8　PON 技术标准

PON 标准制式主要分为两个大类,分别对应两个标准组织：国际电信联盟-电信标准化部门(International Telecommunications Union-Telecommunication Standardization Sector,ITU-T) 和电气电了工程师协会 (Institute of Electrical and Electronics Engineers,IEEE),ITU-T 和 IEEE 分别定义了一套 PON 的标准并进行演进。

ITU-T 和 IEEE 两个标准组织之间存在着一定的协同,如在 PON 的物理层上尽量共用波长和速率等,共享 PON 产业链。

ITU-T 制定的 GPON、10G GPON 等标准和技术,是业界的主流 PON 技术。

当前世界上使用的绝大部分 PON 接入都是基于 ITU-T 标准体系制定的 GPON、10G GPON 标准和技术。

无源全光园区网络采用的是 GPON 和 10G GPON 系列标准。

1. APON/BPON 技术标准

20 世纪 90 年代中期,当时世界上一些主要的网络运营商共同发起成立了 FSAN (Full Service Access Networks,全业务接入网联盟),希望能提出统一的光接入网设备标准。

20 世纪 90 年代中期,根据 FSAN 的建议,国际电信联盟电信标准分局 ITU-T 推出了世界上第一个 PON 的技术体系 APON 技术体系,也发布了相应的 PON 技术标准 ITU-T G. 983 系列标准。

(1) APON：APON 技术体系采用的是当时流行的 ATM 承载协议,主要是规范了传输速率为 622Mbit/s 的 PON 技术及标准。由于 APON 的传输速率不高,而且当时光产业还没有成熟,故 APON 基本上没有什么应用。

(2) BPON：ITU-T 发布了 APON 标准后,继续对 PON 技术和标准进行增强,发布了 BPON(Broadband Passive Optical Network)技术体系,BPON 仍基于 ATM 封装,主要是支持了 622Mbit/s 的传输速率,BPON 的发货量也比较少。

APON/BPON 由于标准定义比较早,其设计复杂性高且数据传输效率低,已经在竞争中逐步退出市场。虽然 APON 技术在市场上的应用不多,但是开创了整个 PON 产业,为后续 PON 应用的大爆发打下了基础。

2. GPON 技术标准

ITU-T 在原来的 APON、BPON 的基础上进行了技术增强,定义了 GPON 技术,并在市场和应用上取得了巨大成功。

在 ITU 组织中,除了工程师之外,还有很多运营商也作为客户和需求提出者加入了 ITU 组织,他们非常关注已有业务或者将来可能使用的业务在 GPON 上的支持情况。所以在制定 GPON 的标准过程中,除了关注以太网业务在 PON 上的传输,也关注以前的语音、E1 专线等各种业务在 PON 上的承载,包括关注后续的视频业务传输,这就对 PON 上承载业务的 QoS 保证等提出较高的要求,GPON 标准也更适用于支持多业务承载。

GPON 是目前全球主流的 PON 网络建设技术。

ITU-T 定义的 GPON 标准如下所述。

（1）ITU-T G. 984. 1 Gigabit-capable Passive Optical Networks(GPON)：General characteristics,主要讲述 GPON 技术的基本特性和主要的保护方式。

（2）ITU-T G. 984. 2 Gigabit-capable Passive Optical Networks(GPON)：Physical Media Dependent(PMD)layer specification,主要讲述 GPON 的物理层参数,如光模块的各种物理参数(包括发送光功率、接收灵敏度、过载光功率等),同时定义了不同等级的光功率预算。

（3）ITU-T G. 984. 3 Gigabit-capable Passive Optical Networks(G-PON)：Transmission convergence layer specification,主要讲述 GPON 的 TC 层协议,包括上下行的帧结构及 GPON 的工作原理。

（4）ITU-T G. 984. 4 Gigabit-capable Passive Optical Networks(G PON)：ONT management and control interface specification,主要讲述 GPON 的管理维护协议,包括 OAM、PLOAM 和 OMCI 协议。

（5）ITU-T G. 988 ONU management and control interface(OMCI)specification,主要讲述 OMCI 管理协议。

ITU-T 定义的 10G GPON 标准如下所述。

(1) ITU-T G.987.1　10-Gigabit-capable passive optical networks(XG-PON)：General requirements，主要讲述非对称的 10G GPON 技术的要求。

(2) ITU-T G.987.2　10-Gigabit-capable passive optical networks(XG-PON)：Physical media dependent(PMD)layer specification，主要讲述非对称 10G GPON 的物理层参数，如光模块的各种物理参数(包括发送光功率、接收灵敏度、过载光功率等)，同时定义了不同等级的光功率预算。

(3) ITU-T G.987.3　10-Gigabit-capable passive optical networks(XG-PON)：Transmission convergence layer(TC)specification，主要讲述非对称 10G GPON 的 TC 层协议，包括上下行的帧结构及工作原理。

(4) ITU-T G.9807.1　10-Gigabit-capable symmetric passive optical network(XGS-PON)，主要讲述对称的 10G GPON 技术的要求。

ITU-T 定义的 40G GPON 标准如下。

(1) ITU-T G.989.1　40-Gigabit-capable passive optical networks(NG-PON2)：General requirements，主要讲述 40G GPON 技术的要求。

(2) ITU-T G.989.2　40-Gigabit-capable passive optical networks 2 (NG-PON2)：Physical media dependent(PMD)layer specification，主要讲述 40G GPON 的物理层参数，如光模块的各种物理参数，包括发送光功率、接收灵敏度、过载光功率等。

ITU-T 定义的 50G GPON 标准已经发布，相信不久的将来就会有更多应用。

4.2　PoE 供电技术

随着无源全光园区网络的广泛应用，ONU 在房间、楼道等区域的取电问题给安装设计、施工等带来诸多不便，需要有更简单的 ONU 供电方式。

另外，在园区网络中，IP 电话、无线 AP、刷卡机、摄像头、数据采集等终端也存在集中式电源供电困难问题。

4.2.1　什么是 PoE 供电

PoE 全称为 Power over Ethernet，指通过 10BASE-T、100BASE-TX、1000BASE-T 以

太网网络供电。

PoE供电可以有效解决IP电话、无线AP、刷卡机、摄像头、数据采集等终端集中式电源供电困难问题,对于这些终端而言不再需要考虑其电源布线问题,在接入网络的同时就可以实现设备供电。

PoE组成如图4-28所示,由PSE(Power Sourcing Equipment,供电设备)和PD(Powered Device,受电设备)构成。

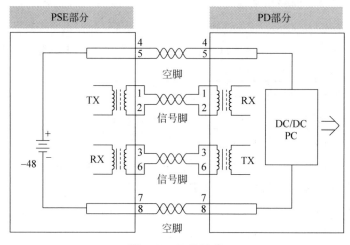

图4-28 PoE组成

PSE是在PoE供电系统中对外提供电源的设备,进行功率的规划和管理。PSE在业务端口(RJ45端口)耦合48V直流电源,通过网线为终端设备供电。

PD是在PoE供电系统中得到供电的设备,主要是指无线AP、IP电话、网络摄像机等终端设备。这些终端设备安装位置取电难,通常不具备本地取电,需要PSE通过以太网口进行供电才能工作。

PoE有以下优势。

(1) PoE可减少设备电源布线,简化安装,节省空间。

(2) 网络终端产品的使用已经普及,便捷供电可以让客户获得良好的体验。

(3) 终端的简约设计将是一种趋势,任何功率不太大的网络终端设备均可以实现PoE供电。

4.2.2 PoE供电应用场景

园区PoE供电应用场景如图4-29所示,ONU作为PSE设备,通过电缆接入AC

电源,采用网线连接 IP 电话、无线 AP、网络摄像机、门禁、POS 机等终端设备,同时向这些 PD 终端设备传输数据和提供供电。

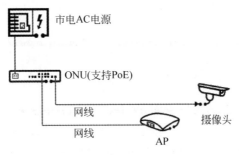

图 4-29 PoE 供电应用场景

4.2.3 PoE 供电原理

按照 IEEE 802.3af、IEEE 802.3at、IEEE 802.3bt 标准,在一定的时间内,供电设备必须完成对终端网络设备的检测和分级,然后决定是否对其供电以及输出多少功率。这一规定可以保障不兼容的网络设备不至于受到 48V 电源的破坏。所以供电设备的主要功能是检测是否有兼容的设备(PD)接入系统或从系统中断开,并对受电设备进行功率分级,以提供相应功率的电源或切断电源。

PSE 设备和 PD 设备对接时,其 PoE 供电流程如图 4-30 所示。整个流程共分为 5 个状态,各状态的功能如表 4-2 所示。

图 4-30 PoE 供电流程

表 4-2　PoE 供电状态说明

状态	功　能
检测	PSE 通过检测端口的电源输出线对之间的电阻值和电容值来判断 PD 是否存在。 **说明：** 只有检测到合法的 PD，PSE 才会进行下一步的操作。 检测 PD 存在的判断条件如下。 • 直流阻抗为 19～26.5kΩ。 • 容值不超过 150nF
功率分级	PSE 通过检测电源输出电流来确定 PD 功率等级，不同的功率等级对应不同的功率
上电	当检测到端口下挂设备属于合法的 PD 设备时，即符合检测中描述的 PD 存在判断条件，并且 PSE 确定了此 PD 的功率等级，PSE 开始按照 PD 功率等级进行供电
执行	在此阶段，PSE 通过 RTP(Real-time Transport Protocol，实时传输协议)及 PM(Power Management，电源管理)在进行供电的同时会实时检测 PD 设备是否断开
断开	如果 PD 断开，PSE 将关闭端口输出电压。端口状态返回到检测

4.2.4　PoE 供电指标

PoE、PoE＋、PoE＋＋供电技术参数如表 4-3 所示，用户可以根据现网 PD 的实际情况，使用对应的供电技术对 PD 进行供电。

表 4-3　技术参数

供 电 技 术	PoE	PoE＋	PoE＋＋
标准	IEEE 802.3af	IEEE 802.3at	IEEE 802.3bt
供电距离/m	100	100	100
分级	0～3	0～4	0～8
最大电流/mA	350	600	1730
PSE 输出电压/V DC	44～57	50～57	50～57
PSE 输出功率/mW	≤15400	≤30000	≤90000
PD 输入电压/V DC	36～57	42.5～57	42.5～57
PD 最大功率/mW	12950	25500	71300
线缆要求	无要求	CAT-5e 或更高规格	CAT-5e 或更高规格
供电线对数	2	2	4
典型场景	可以为 IP 电话、无线 AP 等终端设备供电	可以为视频电话、PTZ(Pan Tilt Zoom)摄像机等终端设备供电	可以为更高功率的无线 AP、基站、室外热感摄像机等终端设备供电

4.2.5　PoE 标准发展

2003 年,IEEE802.3af 标准发布,此标准一般被称为 PoE。

2009 年,IEEE802.3at 标准发布,此标准一般被称为 PoE+。

2018 年,IEEE802.3bt 标准发布,此标准一般被称为 PoE++。

4.3　PoF 供电技术

4.3.1　什么是 PoF 供电

随着园区网络的广泛应用,ONU 在房间、走道等区域的取电问题给安装设计、施工等带来诸多不便,需要有更简单的 ONU 安装供电方式。

随着 Wi-Fi 6 技术的不断应用,AP 回传带宽要求达到 10Gbit/s。如表 4-4 所示,支撑 PoE 供电的 CAT5e 网线已无法支持 10Gbit/s 承载,需更换更高级的电缆,但升级到 CAT6a 网线后,体积和质量约是 CAT5e 的 2 倍,部署困难,成本高,而且存在100m 距离限制。

表 4-4　基于以太网线的 PoE 供电指标

参　　　数	CAT5e	CAT6	CAT6a	CAT7
传输速度/(Gbit/s)	1	10	10	10
频率带宽/MHz	100	250	500	600
传输距离/m	100	<55	100	100

1. PoF 简介

PoF 全称为 Power over Fiber,通过光纤和电缆融合成光电复合缆的方式对终端设备进行供电,供电距离打破以太网线 100m 限制,可支持 200~1000m 的远距离供电。

如图 4-31 所示,PoF 供电由集中供电单元、光电复合缆组成。供电系统采用标准PoE 供电方式,集中供电单元内部集成 PSE,光电复合缆中的光纤提供数据传输,电缆提供远程供电,终端设备内置集成 PD 为受电设备。

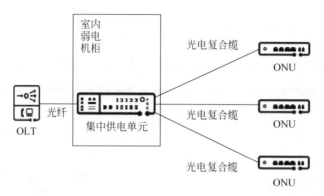

图 4-31 PoF 组成

PoF 供电有以下优势。

（1）PoF 支持高带宽，提供光纤高带宽接入能力，可替代网线，后续带宽可长期演进，避免多次升级。

（2）PoF 支持低成本，可采用低成本的光电复合缆及一体化接头及插座，提供比 CAT6a 更低成本的端到端解决方案。

（3）PoF 易安装，光电协同，供电和光纤一体化铺设，插拔一次即可完成光和电的连接。

2. PoF 相关部件

PoF 供电组件主要包括集中供电单元和光电复合缆。

集中供电单元如图 4-32 所示，分为内置分光器和不内置分光器两种类型，对外提供 Hybrid SC 接口，用于连接光电复合缆，传输光信号的同时进行远程供电。

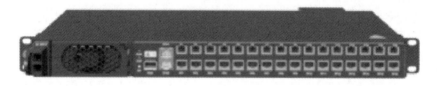

图 4-32 集中供电单元

光电复合缆样例如图 4-33 所示。一端是 Hybrid SC 光电一体连接器，用来连接集中供电单元；另一端是 RJ45 连接器和 SC/UPC 连接器，用来连接 ONU 的 PON 上行端口和电源模块。

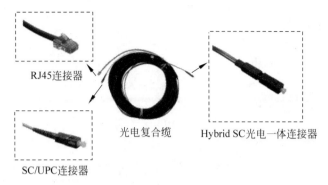

图 4-33　光电复合缆样例

4.3.2　PoF 供电应用场景

1. 室内场景

PoF 室内应用场景如图 4-34 所示。

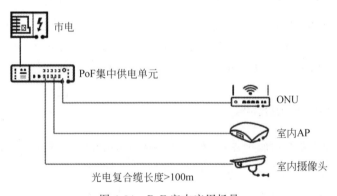

图 4-34　PoF 室内应用场景

（1）室内办公 ONU,安装方式为嵌墙、办公桌桌面放置,通过光电复合缆远程供电,减免掉适配器,安装简单,不需要信息箱保护。

（2）室内无线 AP,安装方式为吸顶、挂墙,用光电复合缆提供大于 100m 的远程供电,利用 10G PON 技术实现回传带宽 10Gbit/s,未来带宽升级到 50Gbit/s 甚至 100Gbit/s 不需要更换线缆。

（3）室内摄像头,安装方式为吸顶、嵌墙,用光电复合缆替代原有的 PoE 网线,提供大于 100m 的远程供电,超清视频数据回传,未来更高带宽无压缩视频回传升级不需要更换线缆。

2．室外场景

PoF 室外应用场景如图 4-35 所示。

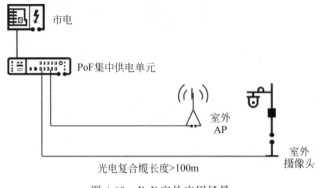

市电

PoF集中供电单元

室外
AP

室外
摄像头

光电复合缆长度>100m

图 4-35　PoF 室外应用场景

（1）室外无线 AP，安装方式为挂墙、抱杆，用光电复合缆提供大于 100m 的远程供电，利用 10G PON 技术实现回传带宽 10Gbit/s，未来带宽升级到 50Gbit/s 甚至 100Gbit/s 不需要更换光电复合缆。

（2）室外摄像头，安装方式为挂墙、抱杆，用光电复合缆提供大于 100m 的远程供电，超清视频数据回传以及未来更高带宽无压缩视频回传升级不需要更换线缆。

4.3.3　PoF 供电原理

PoF 供电系统完全按照 PoE 标准定义的标准流程进行。集中供电单元通过 AC 交流市电输入，按照 IEEE 802.3af、IEEE 802.3at、IEEE 802.3bt 标准定义输出。供电设备首先对终端网络设备进行检测和分级，然后决定是否对其供电以及输出多少功率。这样确保集中供电单元能为支持 PoE 的终端供电，同时能保障不兼容的网络设备不至于受到 48V 电源的破坏。

PSE 设备和 PD 设备对接时，其供电的流程同 PoE 供电流程，如图 4-30 所示，供电状态说明如表 4-2 所示。

4.3.4　PoF 供电指标

PoF 供电使用的光电复合缆没有采用网线作为输电导体，因此不受 100m 限制，PSE 输出电压 56.5V 时，光电复合缆供电能力典型值如表 4-5 所示。

表 4-5　标准铜缆典型供电参数

导体代号	导体面积 /mm²	导体直径 /mm	线路 电流/A	线上 压降/V	PD 输入电压/V	PD 功率 /W	线路距离 /m
AWG 18	0.82	1.024	1.57	11.15	45.35	71	150
AWG 15	1.65	1.45	1.54	10.22	46.28	71	300
AWG 13	2.60	1.82	1.57	10.99	45.51	71	500
AWG 11	4.15	2.3	1.57	11.02	45.48	71	800
AWG 10	5.27	2.59	1.56	10.82	45.68	71	1000
AWG 8	8.35	3.26	1.54	10.08	46.42	71	1500
AWG 7	10.58	3.67	1.56	10.76	45.74	71	2000

表 4-5 给出的是各标准铜缆的典型参数,实际中采用某一种铜缆时,支持的线路距离和 PD 功率是动态变化的。例如,光电复合缆标准版采用 AWG 18 号铜缆作为导体,线路距离和 PD 功率有如下关系。

(1) 线路距离:150m;PD 功率:71W。

(2) 线路距离:200m;PD 功率:65W。

(3) 线路距离:支持 400m;PD 功率:30W。

(4) 线路距离:支持 800m;PD 功率:15W。

4.3.5　PoF 标准发展

PoF 光电复合缆标准于 2020 年 2 月在 ITU-T 立项成功,PoF 方案遵从 *Draft Optical_Electrical Hybrid Cables for access point and other terminal equipment* 标准草案。

4.4　安全认证技术

4.4.1　802.1x 认证

1. 802.1x 认证概述

随着网络的逐渐普及,越来越多的企业、校园、小区、SOHO 用户选择以太网接入方式,这种简单的接入方式成为当前最主要的接入方式之一,任何一台计算机只要接入网络便有访问网络资源的权限,这也给网络环境带来极大的安全隐患。另一方面,运营商不同网络业务的开展及维护需要底层以太网提供必要的安全认证机制,那么如何正确处理用户访问权限就成为日益突出的问题。

802.1x 认证可以对连接到局域网的用户进行认证和授权,接受合法用户接入,进而达到保护网络安全的目的。

802.1x 认证主要解决用户及终端设备接入网络内认证和安全方面的问题。

在 802.1x 出现之前,企业网有线业务应用都没有直接控制到端口的方法,业务上也不需要控制到端口。但是随着无线和有线业务应用的大规模开展,对接入安全性提出了要求,需要对端口加以控制,以实现用户级的接入管控。802.1x 就是为了解决基于端口的接入控制而定义的一个标准。

802.1x 协议是一种基于端口的网络接入控制协议。基于端口的网络接入控制是指在局域网接入侧设备的端口对接入的用户和设备进行认证、控制。连接在端口上的用户设备如果能通过认证,就可以访问网络中的资源,如果不能通过认证,则无法接入和访问网络中的资源。

2.802.1x 认证系统架构

802.1x 系统是典型的 Client/Server 结构,如图 4-36 所示,包括三个实体:客户端、接入设备和认证服务器。

图 4-36 802.1x 认证系统架构

客户端一般为一个用户终端设备,用户可以通过启动客户端软件发起 802.1x 认证,客户端必须支持 EAPOL(Extensible Authentication Protocol over LAN,局域网上的可扩展认证协议)。

接入设备对所连接的客户端进行认证。接入设备支持 802.1x 协议,它为客户端提供接入局域网的端口,该端口可以是物理端口,也可以是逻辑端口。

认证服务器是为接入设备提供认证服务的实体。认证服务器用于实现对用户进行认证、授权和计费,通常为 RADIUS(Remote Authentication Dial-In User Service,远程认证拨号用户服务)服务器。

3. 802.1x 认证触发方式

802.1x 的认证过程可以由客户端主动发起,也可以由接入设备发起。802.1x 认证触发方式包括以下两种。

(1) 客户端主动触发方式:客户端主动向设备端发送 EAPOL-Start 报文来触发认证。

(2) 接入设备主动触发方式:接入设备触发方式用于支持不能主动发送 EAPOL-Start 报文的 802.1x 客户端。

4. 802.1x 认证过程

802.1x 认证系统使用可扩展认证协议(Extensible Authentication Protocol,EAP)来实现客户端、接入设备和认证服务器之间认证信息的交换,各实体之间 EAP 协议报文的交互形式如下。

(1) 在客户端与接入设备之间,EAP 协议报文使用 EAPOL 封装格式,并直接承载于 LAN 环境中。

(2) 在接入设备与 RADIUS 服务器之间,EAP 协议报文可以使用以下两种方式进行交互。

① EAP 中继:EAP 协议报文由接入设备进行中继,接入设备将 EAP 报文使用 EAPOR(EAP over RADIUS)封装格式承载于 RADIUS 协议中,发送给 RADIUS 服务器进行认证。该认证方式的优点是接入设备处理简单,可支持多种类型的 EAP 认证方法,如 MD5-Challenge、EAP-TLS、PEAP 等,但要求认证服务器支持相应的认证方法。

② AP 终结:EAP 协议报文由接入设备进行终结,接入设备将客户端认证信息封装在标准 RADIUS 报文中,与认证服务器之间采用密码验证协议(Password Authentication Protocol,PAP)或质询握手验证协议(Challenge Handshake Authentication Protocol,CHAP)方式进行认证。该认证方式的优点是现有的 RADIUS 服务器均可支持 PAP 和 CHAP 认证,无须升级服务器;缺点是接入设备处理较为复杂,且不能支持除 MD5-Challenge 之外的其他 EAP 认证方法。

4.4.2 Portal 认证

1. Portal 认证概述

Portal 认证是指用户通过访问 Portal 服务器提供的 Web 认证页面进行身份认证的一种技术。

在早期的网络环境中,用户只要能接入网络,就可以访问网络中的设备或资源,为加强网络资源的安全控制,很多情况下需要对用户的访问进行控制。例如,在园区中的一些公共场合或公司的网络接入点,提供合法用户接入。另外,一些企业会提供一些内部关键资源给外部用户访问,并且希望只有经过有效认证的外部用户才可以访问这些资源。

现有的 802.1x 等访问控制方式,都需要安装专用的客户端,并且通常在接入层就会对用户的访问进行控制,是一种安全控制要求较高的用户认证接入方式,部署要求高。因此,需要有一种无须安装客户端就可以实行接入认证控制功能,而且认证控制点可以灵活部署的认证方式。

在此背景下,Portal 认证技术应运而生,它提供了一种灵活的访问控制方式,不需要安装专用的客户端就可以在接入层以及需要保护的关键数据入口处实施访问控制。由于 Portal 认证采用流行的 Web 页面进行认证,这就意味着不需要安装专用的客户端,只要有网络浏览器就可以完成此项工作,使用简单、方便,因而备受青睐。

一般将 Portal 认证网站称为门户网站。未认证用户上网时,网络设备强制用户登录到特定站点,访问一些无须授权就可以访问的资源。当用户需要访问一些有权限控制要求的资源时,则必须在门户网站进行认证,只有通过认证、获得相应授权后才可以访问这些资源。严格讲认证和授权是两个不同的概念,不能互相代替。认证是对身份的确认,Portal 认证就是完成对用户身份的确认。

Portal 认证的特点如下。

(1) 不需要安装客户端,直接使用 Web 页面认证,使用方便,可减少客户端的维护工作量。

(2) 便于运营,可以在 Portal 页面上开展业务拓展,如广告推送、责任公告、企业宣传等。

(3) 技术成熟,被广泛应用于各类企业、学校、酒店、商超等网络。

相对于 802.1x 等认证技术,Portal 认证技术具有以下优势。

（1）可以定制"端口＋IP 地址池"粒度级别的个性化认证页面,同时可以在 Portal 页面上开展广告业务、服务选择和信息发布等内容,进行业务拓展,实现 IP 网络的运营。

（2）关注对用户的管理,可基于用户名与 VLAN ID/IP/MAC 的捆绑识别来认证,并可以采用定期发送握手报文的方式来进行断网检测。

（3）二次地址方式可以实现灵活的地址分配策略和计费策略,且能节省公网 IP 地址。

（4）三层认证方式可以跨越网络层对用户作认证,可以在企业网络出口或关键数据的入口作访问控制,部署位置灵活。

Portal 认证也有自身的一些局限性,具体如下。

（1）Portal 认证是基于应用层的认证模式,因此,对于网络层及以下的问题往往检测不到或者不够及时准确。对于断电、突发故障等底层原因引起的用户异常离线难以进行检测,或者说没有其他认证技术（如 802.1x 认证）那么及时准确。

（2）用户在 DHCP 过程结束后,即使不认证上网,仍会占用 IP 地址,这就造成对 IP 地址资源的一种浪费。

2. Portal 认证系统架构

如图 4-37 所示,Portal 认证系统架构包括三部分：客户端、接入设备、服务器（包括 Portal 服务器、认证服务器、DHCP 服务器）。

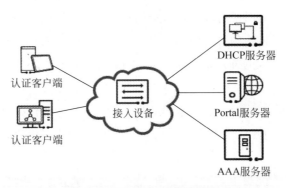

图 4-37　Portal 认证系统架构

（1）客户端：通常为用户终端中运行 HTTP/HTTPS 浏览器,也可以是定制开发的专用 Portal 客户端,用于发起认证请求。

（2）接入设备：主要是进行用户或客户端的网络准入控制,也就是 Portal 认证控制点,即执行认证的设备。接入设备可以是交换机、路由器以及专用于接入认证的网络设备,如宽带接入服务器等。其主要有以下三方面的作用。

① 认证之前,将用户的所有 HTTP/HTTPS 请求都重定向到 Portal 服务器。

② 认证过程中,与 Portal 服务器、AAA 服务器进行交互,协同完成身份认证、授权、计费等功能。

③ 认证通过后,允许用户访问被授权的网络资源。

(3) Portal 服务器:为用户提供免费门户服务和基于 Portal 认证的页面。换句话说,Portal 服务器提供基于 Web 认证的界面,接收客户端认证请求信息,与接入设备交互有关用户或认证客户端的身份信息。

(4) 认证服务器:通常也称为 AAA 服务器,与接入设备进行交互,完成认证、授权、计费等功能。在 Portal 认证系统中,主要完成用户身份认证和授权的功能。在实际部署中,AAA 服务器既可以集认证、授权、计费三种功能于一体,又可以只部署其中一部分功能,如只完成认证功能。

(5) DHCP 服务器:严格地讲,DHCP 服务器不是 Portal 认证的组成部分,但由于在执行 Portal 认证时,客户端或终端必须首先获得 IP 地址后才能发起认证,因此,为方便理解,在此将 DHCP 服务器也作为 Portal 认证方案的一个组成部分列出。

3. Portal 认证过程

认证的第一件事就是发起认证,有以下两种认证触发方式。

(1) 主动认证:用户通过浏览器主动访问 Portal 认证网站时,即在浏览器中直接输入 Portal 服务器的网络地址,然后在显示的网页中输入用户名和密码进行认证,这种开始 Portal 认证过程的方式是主动认证,即由用户自己主动访问 Portal 服务器发起的身份认证。

(2) 重定向认证:用户输入的访问地址不是 Portal 认证网站地址时,将被强制访问 Portal 认证网站(通常称为重定向),从而开始 Portal 认证过程,这种方式称作重定向认证。

4.4.3　MAC 认证

1. MAC 概述

由于企业对安全性要求很高,网络管理员为了防止非法人员和不安全的计算机接入公司网络,造成公司信息资源受到损失,希望员工的计算机在接入公司网络之前进行身份验证和安全检查,只有身份合法的用户使用安全检查通过的计算机才可以接入公司网络。

对于传真机、打印机等哑终端,同样需要认证通过才允许接入网络,需要部署 MAC 认证。

MAC 认证,全称 MAC 地址认证,是一种基于接口和终端 MAC 地址对用户的访问权限进行控制的认证方法。

MAC 认证的特点如下。

(1) 用户终端不需要安装任何客户端软件。

(2) MAC 认证过程中,不需要用户手动输入用户名和密码。

(3) 能够对不具备 802.1x 认证、Portal 认证能力的终端进行认证,如打印机和传真机等哑终端。

2. MAC 系统架构

如图 4-38 所示,MAC 认证系统为典型的客户端/服务器结构,包括三个实体: 终端、接入设备和认证服务器。

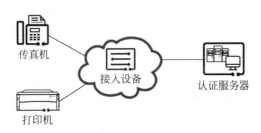

图 4-38　MAC 认证系统架构

(1) 终端: 尝试接入网络的终端设备,如打印机、传真机等。

(2) 接入设备: 是终端访问网络的网络控制点,是企业安全策略的实施者,负责按照客户网络制定的安全策略,实施相应的准入控制(允许、拒绝、隔离或限制)。

(3) 认证服务器: 用于确认尝试接入网络的终端身份是否合法,还可以指定身份合法的终端所能拥有的网络访问权限。

3. MAC 认证流程

终端进行 MAC 认证时使用的用户名和密码需要在接入设备上预先配置,有如

表 4-6 所示的几种形式。默认情况下,终端进行 MAC 认证时使用的用户名和密码均为终端的 MAC 地址。

表 4-6   MAC 认证

MAC 认证场景	MAC 认证的用户名	MAC 认证的密码
终端少量部署且 MAC 地址容易获取的场景,如对少量接入网络的打印机进行认证	终端的 MAC 地址	此场景下 MAC 认证的密码有以下两种形式: • 终端的 MAC 地址; • 指定的密码
由于同一个接口下可以存在多个终端,此时所有终端均使用指定的用户名和密码进行 MAC 认证,服务器端仅需要配置一个账户即可满足所有终端的认证需求,适用于终端比较可信的网络环境	指定的用户名	指定的密码

对于 MAC 认证用户密码的处理,有 PAP 和 CHAP 两种方式。

(1) PAP(Password Authentication Protocol,密码验证协议),设备将 MAC 地址、共享密钥、随机值依次排列顺序后,经过 MD5 算法进行 HASH 处理后封装在属性名"User-Password"中。

(2) CHAP(Challenge Handshake Authentication Protocol,质询握手验证协议),设备将 CHAP ID、MAC 地址、随机值依次排列顺序后,经过 MD5 算法进行 HASH 处理后封装在属性名"CHAP-Password"和"CHAP-Challenge"中。

4.5 网络可靠性技术

4.5.1 挑战与方案

无源全光网络基础技术为 PON,由于 PON 网络采用树形网络结构,如图 4-39 所示,故 PON 网络和其他网络一样,物理链路也可能会出现故障,且故障会导致业务无法正常运行。

例如由于施工或者其他原因,光纤被意外挖断,如果挖断的光纤是 PON 网络的主干光纤,此时将会导致主干光纤下所有 ONU 业务中断。

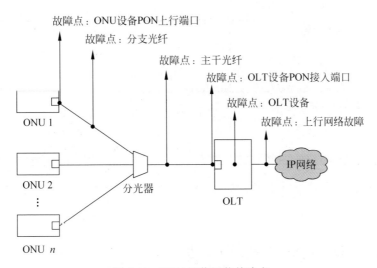

图 4-39　PON 网络可能故障点

　　针对 PON 网络的可能故障点，无源全光网络提供了 PON 线路的保护功能，即 PON 保护倒换技术，包括 PON Type B 保护和 PON Type C 保护，确保 PON 网络出现故障时自动倒换且业务不受影响，各保护倒换方案详见表 4-7。

表 4-7　PON 网络保护倒换方案

保护倒换方案	保护倒换范围
PON Type B 单归属	• 主干光纤 • OLT 设备 PON 接入端口
PON Type B 双归属	• 主干光纤 • OLT 设备 • OLT 设备 PON 接入端口 • OLT 上行端口及上行链路
PON Type C 单归属	• 主干光纤 • 分支光纤 • OLT 设备 PON 接入端口 • ONU 设备 PON 上行端口
PON Type C 双归属	• 主干光纤 • 分支光纤 • OLT 设备 • OLT 设备 PON 接入端口 • OLT 上行端口及上行链路 • ONU 设备 PON 上行端口

保护倒换方案	保护倒换范围
PON 双链路负荷分担	• 主干光纤 • 分支光纤 • OLT 设备 • OLT 设备 PON 接入端口 • OLT 上行端口及上行链路 • ONU 设备 PON 上行端口

从保护的范围和可靠性上看,双归属的保护范围和可靠性要大于单归属,无源全光园区推荐采用双归属保护。

4.5.2 PON Type B 单归属保护

如图 4-40 所示,当 OLT 设备 PON 端口或主干光纤发生故障时,可以自动切换到 OLT 设备另外一个 PON 端口或主干光纤。

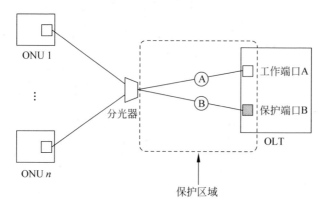

图 4-40　PON Type B 单归属保护

PON Type B 单归属保护的优点、缺点以及建议使用场景如表 4-8 所示。

表 4-8　PON Type B 保护单归属使用场景

优　　点	缺　　点	使 用 场 景
• 主干光纤和 OLT 设备 PON 接入端口 1+1 备份保护 • 组网简单	• 分支光纤没有得到保护,OLT 设备没有保护 • 分支光纤和 OLT 设备故障会导致业务中断	Type B 单归属保护只有一台 OLT 设备,适用于可靠性要求较低的场景

需要保护的主干光纤建议属于不同的光缆,且光缆选择不同的走线路由,这样可以避免出现由于光缆中断导致两条主干光纤同时中断的现象,起到更好的保护作用。

当满足如下条件时,会触发自动保护倒换。

(1) 主干光纤中断。

(2) OLT 主用 PON 端口故障。

1. 主干光纤故障场景

如图 4-41 所示,当 A 链路主干光纤故障时,OLT 的工作端口 A 检测到 A 链路主干光纤故障引起的 LOS 告警,OLT 控制从工作端口 A 倒换到保护端口 B,相应的主干光纤也从主干光纤 A 倒换到主干光纤 B。

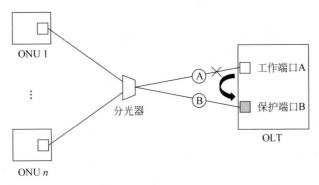

图 4-41 主干光纤故障保护场景

倒换过程如下。

(1) 主干光纤故障引起 LOS 告警,OLT 工作端口 A 检测到 LOS 告警,立即关闭工作端口 A 光模块发送功能。

(2) 保护端口 B 检测到工作端口 A 的 LOS 告警,打开保护端口 B 光模块发送功能并进行 ONU 测距操作。

(3) 如果保护端口 B 的主干光纤正常,ONU 测距成功,ONU 在保护端口 B 上线,并上报端口 LOS 恢复告警。

(4) 工作端口 A 状态切换为保护状态,保护端口 B 状态切换为工作状态,倒换完成。

2. ONU 全部离线场景

如图 4-42 所示,当出现 ONU 全部离线故障时,工作端口 A 和保护端口 B 会按照主干光纤故障进行循环检测,再根据检测结果判断是否倒换。

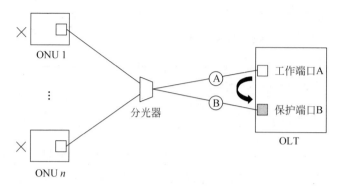

图 4-42　ONU 全部离线保护场景

倒换过程如下。

(1) 所有 ONU 全部离线引起 LOS 告警,工作端口 A 检测到 LOS 告警,立即关闭工作端口 A 光模块发送功能。

(2) 保护端口 B 检测到工作端口 A 的 LOS 告警,打开保护端口 B 光模块发送功能并进行 ONU 测距操作。

(3) 如果 PON 端口下没有 ONU 测距成功上线,OLT 会一直进行工作端口 A 与保护端口 B 的循环检测,检测是否有 ONU 上线,直到有 ONU 上线为止。

(4) 当有 ONU 上线时,如果恰好检测到在原保护端口 B 上线,PON 端口将会把原保护端口 B 倒换为工作端口,倒换完成。

4.5.3　PON Type B 双归属保护

如图 4-43 所示,当 OLT 设备、OLT 设备 PON 端口或主干光纤发生故障时,可以自动切换到另外一个 OLT 设备、OLT 设备 PON 端口或主干光纤。OLT A 和 OLT B 处于主备状态,不能同时转发报文。

PON Type B 双归属保护的优点、缺点以及建议使用场景如表 4-9 所示。

当满足如下条件时,会触发自动保护倒换。

(1) 主用 OLT 上的主干光纤中断。

(2) 主用 OLT 设备故障。

(3) 主用 OLT 设备 PON 接入端口故障。

(4) 主用 OLT 上行链路故障(仅在联动倒换场景下能触发保护倒换)。

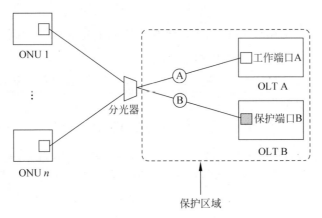

图 4-48 PON Type B 双归属保护

表 4-9 PON Type B 双归属保护使用场景

优 点	缺 点	使用场景
• 主干光纤、OLT 设备、OLT 设备 PON 接入端口和 OLT 设备上行端口实现 1+1 备份保护 • 两根主干光纤连接到两台 OLT 设备,可以实现异地容灾	分支光纤没有得到保护,分支光纤故障会导致业务中断	Type B 双归属保护有两台 OLT 可以互为保护,满足大多数园区可靠性需求

1. 主用 OLT 上的光纤中断场景

如图 4-44 所示,当出现主用 OLT 上的光纤中断故障时,OLT A 的工作端口 A 检测到 A 链路主干光纤故障引起的 LOS 告警,触发 OLT 的倒换,从 OLT A 的工作端口 A 倒换到 OLT B 的保护端口 B,即从 A 链路倒换到 B 链路。

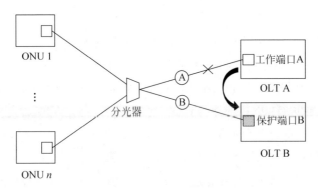

图 4-44 主用 OLT 上的光纤中断保护场景

倒换过程如下。

（1）主干光纤中断引起 LOS 告警，OLT A 的工作端口 A 检测到 LOS 告警，立即关闭 OLT A 的工作端口 A 光模块发送功能。

（2）OLT B 的保护端口 B 检测到 LOS 告警，打开 OLT B 的保护端口 B 光模块发送功能并进行 ONU 测距操作。

（3）如果 OLT B 的保护端口 B 的光纤正常，且 ONU 测距成功，则 ONU 在 OLT B 的保护端口 B 上线，上报端口 LOS 恢复告警。

（4）OLT A 的工作端口 A 状态切换为保护状态，OLT B 的保护端口 B 状态切换为工作状态，倒换完成。

2．ONU 全部离线场景

如图 4-45 所示，当出现 ONU 全部离线故障时，OLT A 的工作端口 A 和 OLT B 的保护端口 B 会按照主干光纤故障进行循环检测。

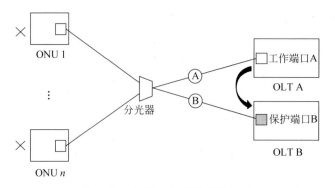

图 4-45　ONU 全部离线保护场景

倒换过程如下。

（1）所有 ONU 全部离线引起 LOS 告警，OLT A 的工作端口 A 检测到 LOS 告警，立即关闭 OLT A 的工作端口 A 光模块发送功能。

（2）OLT B 的保护端口 B 检测到工作端口 LOS 告警，打开 OLT B 的保护端口 B 光模块发送功能并进行 ONU 测距操作。

（3）如果 PON 端口下没有 ONU 测距成功上线，OLT 会一直进行工作端口与保护端口的循环检测，直到有 ONU 上线。

（4）当有 ONU 上线时，如果恰好在 OLT B 的保护端口 B 上线，则 OLT B 的保护端口 B 倒换为工作端口，否则工作端口继续工作。

3. OLT 上行网络故障引起的联动倒换场景

如图 4-46 所示,在 OLT 上配置将 BFD(Bidirectional Forwarding Detection,双向转发检测)会话或 MEP(Maintenance End Point,维护终端点)会话与保护组绑定,即建立关联关系。这样 OLT 就会根据会话状态判断 OLT 上层网络是否有故障,当出现故障时主备用 OLT 会决策倒换并在倒换后通知 ONU,业务恢复正常。

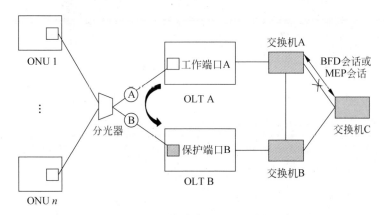

图 4-46　OLT 上行网络故障引起的联动倒换保护场景

倒换过程如下。

(1) 在 OLT 上,将双归属保护组与 BFD 会话或者 MEP 会话进行关联。如果 OLT A 的上行网络路由故障,OLT A 判断 OLT B 及其上行网络路由是否正常。如果正常,且 OLT A 和 OLT B 侧均没有强制倒换或锁定操作,OLT A 的数据已同步给 OLT B,则 OLT A 和 OLT B 进行倒换。

(2) 倒换后 ONU 通过 B 链路传输业务报文,OLT 的状态变化如下。

① OLT A 的状态变为保护状态。

② OLT B 的状态变为工作状态。

4. OLT 二层物理链路故障引起的联动倒换场景

如图 4-47 所示,将 OLT 保护组与 OLT 上行以太网端口状态进行绑定,当主用 OLT 二层物理链路故障时,主备用 OLT 会决策倒换并在倒换后通知 ONU,业务恢复正常。

倒换过程如下。

(1) 在 OLT 上,将双归属保护组与上行以太网端口状态建立关联。当与保护组关联的 OLT A 上行以太端口故障时,OLT A 判断 OLT B 以及二层物理链路是否正

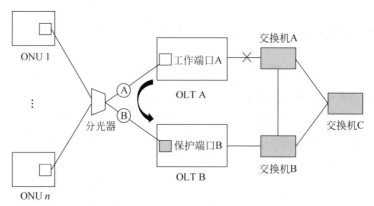

图 4-47　OLT 二层物理链路故障引起的联动倒换保护场景

常。如果正常，且 OLT A 和 OLT B 侧均没有执行强制倒换或锁定操作，并且 OLT A 的数据已同步给 OLT B，则 OLT A 和 OLT B 进行倒换。

（2）倒换后 ONU 通过 B 链路传输业务报文，OLT 的状态变化如下。

① OLT A 的状态变为保护状态。

② OLT B 的状态变为工作状态。

4.5.4　PON Type C 单归属保护

如图 4-48 所示，PON Type C 单归属保护组网场景中，ONU 的两个 PON 端口（工作端口 A 和保护端口 B）与 OLT 上的两个 PON 端口之间的两条 PON 线路处于主备状态，A 链路为主用链路，B 链路为备用链路，不能同时转发报文。

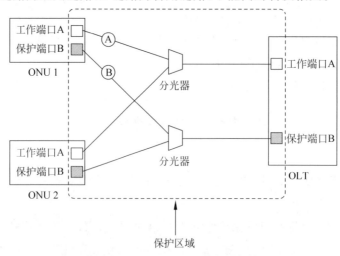

图 4-48　PON Type C 单归属保护

PON Type C 单归属保护的优点、缺点以及建议使用场景如表 4-10 所示。

表 4-10　PON Type C 单归属保护使用场景

优　　点	缺　　点	使 用 场 景
• 主干光纤、分支光纤、OLT 设备 PON 接入端口和 ONU 设备 PON 上行端口实现备份保护 • 组网简单,保护全面,OLT 和 ONU 管理简单	OLT 设备故障无法保护	针对可靠性要求比较高的用户重要业务保护场景

当满足如下条件时,会触发 ONU 自动保护倒换。

(1) 主用链路主干光纤中断。

(2) 主用链路分支光纤中断。

(3) OLT 设备工作端口 A 故障。

(4) ONU 设备工作端口 A 故障。

1. 单台 ONU 的分支光纤故障场景

如图 4-49 所示,与单台 ONU 的工作端口 A 连接的分支光纤故障,ONU 自动将上行链路从工作端口 A 切换到保护端口 B,即通过保护端口 B 传输业务,实现通过切换端口进行业务保护。

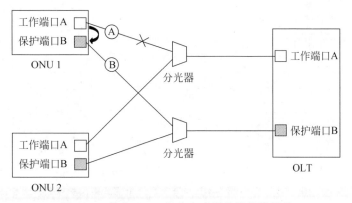

图 4-49　单台 ONU 的分支光纤故障保护场景

倒换过程如下。

(1) ONU 检测链路状态,并根据链路状态决定是否倒换。如果 ONU 1 检测到与工作端口 A 连接的链路故障,ONU 1 就会自动将业务从工作端口 A 切换到保护端口

B,并向 OLT 设备发送消息告知 OLT 已经进行了切换以及切换的原因。

（2）倒换后 ONU 1 上的业务通过保护端口 B 发送到 OLT。ONU 1 上发生的保护倒换对其他 ONU 没有影响,ONU 1 上的变化如下。

① 原工作端口 A 的状态变为保护状态。

② 原保护端口 B 的状态变为工作状态,业务报文通过 B 链路传输。

（3）倒换后 ONU 1 上的业务可以自动回切到工作端口上。OLT 将自动回切开关及自动回切时间下发到 ONU。

① 如果 OLT 检测到 ONU 1 的工作端口 A 及 A 链路都没有故障,并且在恢复等待时间内 A 链路一直保持稳定状态,则在到达恢复等待时间后,OLT 自动切换到 A 链路,并告知 ONU 已经进行了切换以及切换的原因。

② 如果 ONU 1 检测到工作端口 A 及 A 链路都没有故障,并且在恢复等待时间内 A 链路一直保持稳定状态,则在到达恢复等待时间后,ONU 自动切换到 A 链路,并告知 OLT 已经进行了切换以及切换的原因。

2. Active 链路上的分支光纤全部故障场景

如图 4-50 所示,主用链路上的分支光纤全部故障,ONU 将业务从原工作链路切换到保护侧链路,即通过保护端口传输业务。

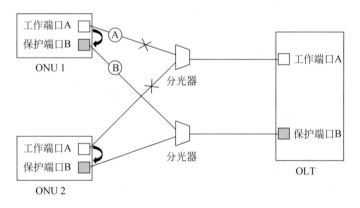

图 4-50 Active 链路上的分支光纤全部故障保护场景

倒换过程如下。

（1）ONU 和 OLT 均检测链路状态,并根据链路状态决定是否倒换。

① 如果 OLT 检测到工作侧链路上的分支光纤全部故障,OLT 自动切换到保护侧链路,并通过保护侧链路发送消息通知所有 ONU 已经进行了切换以及切换的原因。

② 如果 ONU 检测到工作侧链路上的分支光纤全部故障,ONU 自动切换到保护侧链路,并向 OLT 设备发送消息告知 OLT 已经进行了切换以及切换的原因。

(2) 倒换后 ONU 上的业务通过保护口发送到 OLT,即在保护侧链路上传输业务报文,ONU 上的变化如下。

① 原工作端口 A 的状态变为保护状态。

② 原保护端口 B 的状态变为工作状态。

(3) 倒换后 ONU 上的业务可以自动回切到工作端口 A 上。OLT 将自动回切开关及自动回切时间下发到 ONU。

① 如果 OLT 检测到 ONU 的工作端口 A 及工作侧链路 A 都没有故障,并且在恢复等待时间内 A 链路一直保持稳定状态,则在到达恢复等待时间后,OLT 自动切换到工作侧链路 A,并告知 ONU 已经进行了切换以及切换的原因。

② 如果 ONU 检测到工作端口 A 及工作侧链路 A 都没有故障,并且在恢复等待时间内 A 链路一直保持稳定状态,则在到达恢复等待时间后,ONU 自动切换到工作侧链路 A,并告知 OLT 已经进行了切换以及切换的原因。

3. 主干光纤故障场景

主干光纤故障保护场景,如图 4-51 所示。

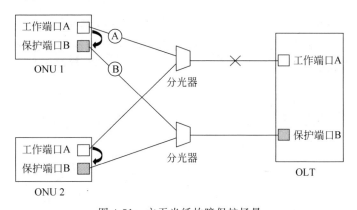

图 4-51　主干光纤故障保护场景

倒换过程如下。

(1) ONU 和 OLT 均检测链路状态,并根据链路状态决定是否倒换。

① 如果 OLT 检测到工作侧链路 A 故障,OLT 自动切换到保护侧链路 B,并通过保护侧链路 B 发送消息通知所有 ONU 已经进行了切换以及切换的原因。

② 如果 ONU 检测到工作侧链路 A 故障,ONU 自动切换到保护侧链路 B,并向 OLT 设备发送消息告知 OLT 已经进行了切换以及切换的原因。

(2) 倒换后 ONU 上的业务通过保护端口 B 发送到 OLT,即在保护侧链路 B 上传输业务报文,ONU 上的变化如下。

① 原工作端口 A 的状态变为保护状态。

② 原保护端口 B 的状态变为工作状态。

(3) 倒换后 ONU 上的业务可以自动回切到工作端口 A 上。OLT 将自动回切开关及自动回切时间下发到 ONU。

① 如果 OLT 检测到 ONU 的工作端口 A 及工作侧链路 A 都没有故障,并且在恢复等待时间内 A 链路一直保持稳定状态,则在到达恢复等待时间后,OLT 自动切换到工作侧链路 A,并告知 ONU 已经进行了切换以及切换的原因。

② 如果 ONU 检测到工作端口 A 及工作侧链路 A 都没有故障,并且在恢复等待时间内 A 链路一直保持稳定状态,则在到达恢复等待时间后,ONU 自动切换到工作侧链路 A,并告知 OLT 已经进行了切换以及切换的原因。

4.5.5　PON Type C 双归属保护

如图 4-52 所示,PON Type C 双归属保护组网场景中,ONU 的两个 PON 端口(工作端口 A 和保护端口 B)与两台 OLT 上的两个 PON 端口之间的两条 PON 线路处于主备状态,A 链路为主用链路,B 链路为备用链路,不能同时转发报文。

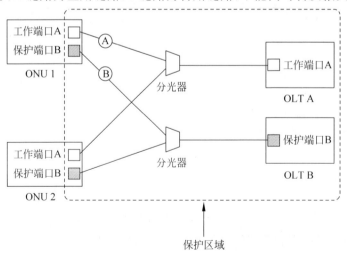

图 4-52　PON Type C 双归属保护

PON Type C 双归属保护的优点、缺点以及建议使用场景如表 4-11 所示。

表 4-11　PON Type C 双归属保护使用场景

优　点	缺　点	使 用 场 景
保护全面,ONU 设备 PON 上行端口、主干光纤、分支光纤、分光器、OLT 设备 PON 接入端口、OLT 设备及上行端口都实现备份保护	成本相对较高	主要针对一些非常关键的业务或者用户提供完善的保护,如某些交通场景、医疗场景等

当满足如下条件时,ONU 会触发自动保护倒换。

(1) 主用链路主干光纤中断。

(2) 主用链路分支光纤中断。

(3) 主用 OLT 设备 PON 接入端口故障。

(4) 主用 OLT 设备故障。

(5) 主用 OLT 设备上行端口及上行链路故障(仅在联动倒换场景下能触发保护倒换)。

(6) ONU 设备主用 PON 上行端口故障。

1. 单台 ONU 的分支光纤故障场景

如图 4-53 所示,如果 ONU 1 检测到工作端口 A 所连接的 A 链路故障,ONU 1 自动将业务从工作端口 A 切换到保护端口 B,并向 OLT B 发送消息告知 OLT B 已经进行了切换以及切换的原因。

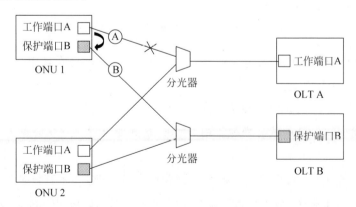

图 4-53　单台 ONU 的分支光纤故障保护场景

倒换后 ONU 1 上的业务通过保护端口 B 发送到 OLT B,对 ONU 2 没有影响。ONU 1 的变化如下。

(1)原工作端口 A 的状态变为备用。

(2)原保护端口 B 的状态变为主用,业务报文通过 B 链路传输。

倒换后 ONU 1 上的业务可以自动回切到工作端口 A。OLT 将自动回切开关及自动回切时间下发到 ONU。当 ONU 1 检测到 A 链路没有故障时,如果在恢复等待时间内 A 链路一直保持稳定状态,则在到达恢复等待时间后,ONU 自动切换到 A 链路。

2. 主用链路上的分支光纤全部故障场景

如图 4-54 所示,如果 ONU 检测到主用链路 A 故障,ONU 自动将业务从工作链路 A 切换到保护侧链路 B,并向 OLT B 发送消息告知 OLT B 已经进行了切换以及切换的原因。

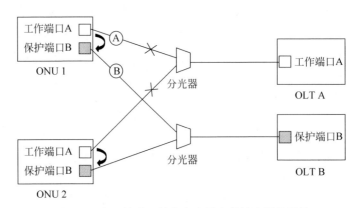

图 4-54　主用链路上的分支光纤全部故障保护场景

倒换后 ONU 上的业务通过保护端口 B 发送到 OLT B,即在备用链路 B 上传输业务报文。ONU 上的变化如下。

(1)原工作端口 A 的状态变为备用。

(2)原保护端口 B 的状态变为主用。

倒换后 ONU 上的业务可以自动回切到 A 链路。OLT 将自动回切开关及自动回切时间下发到 ONU。当 ONU 检测到 A 链路没有故障时,如果在恢复等待时间内 A 链路一直保持稳定状态,则在到达恢复等待时间后,ONU 自动切换到 A 链路。

3. 主干光纤故障场景

如图 4-55 所示,如果 ONU 检测到主用链路 A 的主干光纤故障,ONU 自动将业务从工作链路 A 切换到保护链路 B,并向 OLT B 发送消息告知 OLT B 已经进行了切换以及切换的原因。

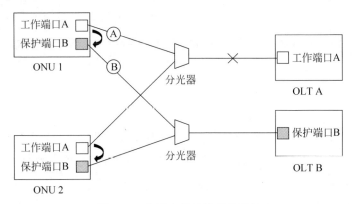

图 4-55　主干光纤故障保护场景

倒换后 ONU 上的业务通过保护端口 B 发送到 OLT B,即在 B 链路上传输业务报文。ONU 上的变化如下。

(1) 原工作端口 A 的状态变为备用。

(2) 原保护端口 B 的状态变为主用。

倒换后 ONU 上的业务可以自动回切到 A 链路。OLT 将自动回切开关及自动回切时间下发到 ONU。当 ONU 检测到 A 链路的主干光纤没有故障时,如果在恢复等待时间内主干光纤一直保持稳定状态,则在到达恢复等待时间后,ONU 自动切换到 A 链路。

4. OLT 上行网络连接故障引起的联动倒换场景

如图 4-56 所示,通过在 OLT 上将双归属保护组与 BFD 会话状态或 MEP 会话状态绑定建立关联关系。这样当 OLT 上行链路即 IP 层链路故障时,OLT 会通知 ONU 进行倒换,业务恢复正常。

在 OLT 上,将双归属保护组与 BFD 会话状态或 MEP 会话状态进行关联,如果上行网络路由故障,双归属保护组感知到 BFD 会话变为故障状态或者 MEP 检测故障,OLT 通知 ONU 上层链路状态变化。

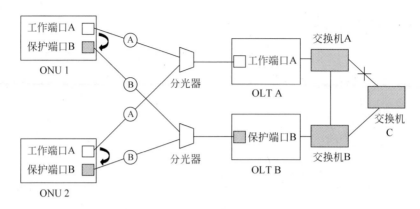

图 4-56　OLT 上行网络连接故障引起的联动倒换保护场景

ONU 收到 OLT 下发的通知后,将业务倒换到 B 链路上。ONU 倒换后,分别通过 A 链路、B 链路给 OLT A、OLT B 上报消息,通知 OLT 已发生倒换。

倒换后 ONU 上的业务通过保护端口 B 发送到 OLT B,即在 B 链路上传输业务报文。ONU 上的变化如下。

（1）工作端口 A 的状态变为备用。

（2）保护端口 B 的状态变为主用。

倒换后 ONU 上的业务可以自动回切到工作端口 A 上。OLT 将自动回切开关及自动回切时间下发到 ONU。当 ONU 检测到 OLT A 的上层网络路由没有故障时,如果在恢复等待时间内 A 链路一直保持稳定状态,则在到达恢复等待时间后,ONU 自动切换到 A 链路。

5. OLT 二层物理链路故障引起的联动倒换场景

如图 4-57 所示,在 OLT 上将保护组与上行以太网端口状态绑定。这样当 OLT 二层物理链路故障时,OLT 会通知 ONU 进行倒换,业务恢复正常。

在 OLT 上,将保护组与上行以太网端口状态进行关联,当与保护组关联的 OLT 上行以太端口故障时,OLT 通知 ONU 上行链路状态变化。

ONU 收到 OLT 下发的通知后,将业务倒换到 B 链路上。ONU 倒换后,分别通过 A 链路、B 链路给 OLT A、OLT B 上报消息,通知 OLT 已发生倒换。

倒换后 ONU 上的业务通过保护端口 B 发送到 OLT B,即在保护侧链路 B 上传输业务报文。ONU 上的变化如下。

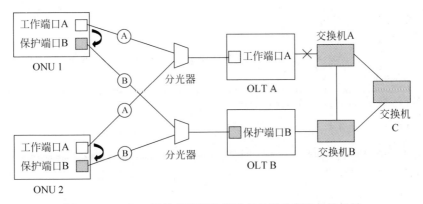

图 4-57　OLT 二层物理链路故障引起的联动倒换保护场景

（1）原工作端口 A 的状态变为备用。

（2）原保护端口 B 的状态变为主用。

倒换后 ONU 上的业务可以自动回切到工作端口 A 上。OLT 将自动回切开关及自动回切时间下发到 ONU。当 ONU 检测到 OLT A 的二层物理链路没有故障时，如果在恢复等待时间内 A 链路一直保持稳定状态，则在到达恢复等待时间后，ONU 自动切换到 A 链路。

4.5.6　PON 双链路负荷分担保护

PON 双链路负荷分担保护，在物理组网上与 Type C 单归属和 Type C 双归属类似，都是 ONU 通过两个独立光路连接到 1 台或者 2 台 OLT 的两个 PON 端口。区别在于 PON 双链路负荷分担组网下，OLT 和 ONU 的两个 PON 端口都同时处于工作状态。

如表 4-12 所示，PON 双链路负荷分担保护既可以实现 Type C 单归属及双归属的保护效果，又可以通过两条链路同时工作的方式，更加高效地使用 PON 网络。

表 4-12　PON 双链路负荷分担保护建议使用场景

优　点	缺　点	使 用 场 景
• 当 PON 链路正常时，双链路同时转发业务报文，带宽提升一倍 • 当某个 PON 链路故障时，支持保护倒换，业务无中断	由于保护完善，总体的部署成本较高	适用于一些对保护功能要求很高，且需要有大流量的业务和用户

1. 单 OLT 组网场景

如图 4-58 所示,在双链路负荷分担单 OLT 组网场景中,当满足如下条件时,会触发自动保护倒换。

(1) ONU 检测到输入光信号丢失。

(2) ONU 到分光器的分支光纤故障。

(3) 分光器到 OLT 的主干光纤故障。

(4) 分光器故障。

(5) OLT 的 PON 端口故障。

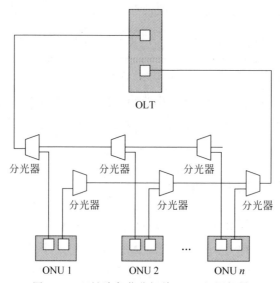

图 4-58　双链路负荷分担单 OLT 组网场景

双链路负荷分担单 OLT 组网场景保护倒换与 PON Type C 单归属相同,这里不再赘述。

2. 双 OLT 组网场景

如图 4-59 所示,在双链路负荷分担双 OLT 组网场景中,当满足如下条件时,会触发自动保护倒换。

(1) ONU 检测到输入光信号丢失。

(2) ONU 与分光器之间的分支光纤故障。

(3) 分光器与 OLT 之间的主干光纤故障。

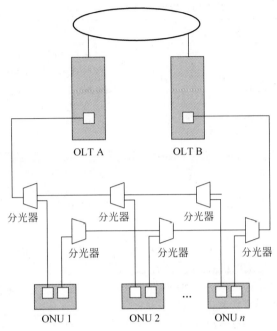

图 4-59　双链路负荷分担双 OLT 组网场景

（4）分光器故障。

（5）OLT 设备 PON 端口故障。

（6）OLT 设备硬件故障。

（7）OLT 上行链路故障（仅在联动倒换场景下能触发保护倒换）。

双链路负荷分担双 OLT 组网场景保护倒换与 PON Type C 双归属相同，这里不再赘述。

4.5.7　方案应用推荐

网络可靠性方案较多，选择时需要结合网络组网、业务应用以及成本等综合考虑。表 4-13 给出了各种方案的比对，可参考选择。

值得一提的是，当前的 PON 双归属保护 OLT 采用 1＋1 保护时，两台 OLT 是相互独立的两个设备，网络管理需要管理两个设备。华为技术有限公司正在研究堆叠保护特性。堆叠是指将两台支持堆叠特性的 OLT 设备组合在一起，从逻辑上组合成一台 OLT 设备，堆叠可以简化网络管理，实现双机 OLT 管理界面合一，配置、策略、表项自动同步，跨框资源灵活配置，弹性扩容。

表 4-13　PON 网络可靠性方案对比

可靠性方案	优　　点	缺　　点	建议使用场景
PON Type B 单归属	• 主干光纤和 OLT PON 端口备份保护 • 组网简单	• 分支光纤没有得到保护,OLT 设备没有保护 • 分支光纤和 OLT 设备故障会导致业务中断	Type B 单归属保护只有一台 OLT 设备,适用于可靠性要求较低的场景
PON Type B 双归属	• 主干光纤、OLT 设备(包括 OLT PON 端口)实现 1+1 备份保护 • 两根主干光纤连接到两台 OLT 设备,可以实现异地容灾	分支光纤没有得到保护,分支光纤故障会导致业务中断	Type B 双归属保护有两台 OLT 可以互为保护,满足大多数园区可靠性需求
PON Type C 单归属	• 主干光纤、分支光纤、OLT 设备 PON 接入端口、ONU 设备 PON 上行端口实现备份保护 • 组网简单,保护全面,OLT 和 ONU 管理简单	OLT 设备故障无法保护	针对可靠性要求比较高的用户重要业务保护场景
PON Type C 双归属	保护全面,ONU 设备 PON 上行端口、主干光纤、分支光纤、分光器、OLT 设备 PON 接入端口、OLT 设备及上行端口都实现备份保护	成本相对较高	主要针对一些非常关键的业务或者用户提供完善的保护,如某些交通场景、医疗场景等
PON 双链路负荷分担	• 当 PON 链路正常时,双链路同时转发业务报文,带宽提升一倍 • 当某个 PON 链路故障时,支持保护倒换,业务无中断	由于保护完善,总体的部署成本较高	适用于一些对保护功能要求很高,且需要有大流量的业务和用户

第 5 章

无源全光园区网络规划指导

5.1 网络规划原则

(1) 基于客户需求。规划设计一定要基于客户标书等正式需求文件,对于标书中未提及的其他需求,需要有正式的书面记录。

(2) 经济性原则。网络系统综合成本需最优,要统筹考虑设备成本、工程成本、维护成本,以及后期管理的便利性,充分利用既有可用资源。

(3) 可扩展性原则。网络系统以及 ODN 基础设施需具备可扩展性。例如,OLT有可用于扩展的槽位,ONU 具有多余的空闲接口,光缆有一定的光纤资源预留,光路连接设备有多余的连接接口,以及安装空间有预留等,方便后续其他业务接入、带宽及信息节点扩容、网络整体升级。

(4) 可靠性原则。可靠性需满足客户要求,包括网元及物理线路的冗余备份。

(5) 易实施性原则。项目建设要尽量做到线缆少、节点少,布线路由合理、空间充足,设备安装位置及空间适当,以便于工程实施与维护。

(6) 易维护性原则。选择通用型的基础设施结构件及光路器件等,以便备件替换等。

(7) 易管理性原则。建议在网络中配置网络管理单元,对于 ODN 管理要求高的场合,可考虑相应的线路管理系统,以便于日常监控网络状态、快速定位故障节点。

5.2 网络规划设计

无源全光园区网络总体规划可以简化为四步。

1. 规划业务类型

无源全光园区网络承载的业务类型可分为数据、语音及组播/广播三大类。具体

ONU 可接入的业务形态多种多样,可归类如下。

(1) 数据业务:如 PC 接入、AP 接入、摄像头(视频回传)、监控业务(如门禁、车库道闸、车位监控、周界防范、烟感、水浸检测等)、信息发布系统(如电子班牌、触摸查询、信息发布、LED 大屏等)、IP 广播等。

(2) 语音业务:如 IP 电话等。

(3) 组播/广播业务:如 IPTV、校园电视台等。

2. 规划典型场景

无源全光园区网络覆盖的园区可以拆分为若干类典型场景,识别典型场景的目的在于做 ONU 选型及规划设计,使设计与实施简单化。确定了园区需要接入的业务形态后,细化这些业务的部署位置,并根据部署分布进行收敛形成典型场景。

以学校为例,一般可分教室、办公室、会议室、报告厅、公共区域(如走廊、操场)等典型场景。表 5-1 是校园部分典型场景终端数量,供参考。

表 5-1　校园典型场景终端数量规划

典型场景	电子班牌/个	PC/台	摄像头/个	AP/台	电话/部	IP 广播/套	教学一体机/台	门禁/套
普通教室	1	—	1	1	1	1	1	1
功能教室	—	—	1	1	1	1	1	1
计算机教室	1	60	1	1	1	1	1	1
行政办公室	—	5	—	1	5	—	—	1
教师办公室	—	16	—	1	—	—	—	1
校长办公室	—	1	—	1	1	—	—	1
会议室	—	—	—	1	—	—	—	—
报告厅	—	—	—	4	—	—	—	1
公共区域(每个平层过道)	—	—	—	5	—	8	—	—

3. 规划带宽需求

典型场景并发带宽需求是确定分光比及 PON 端口规划的依据。要确定典型场景的并发带宽需求,首先需要明确典型场景下各业务类型的接入数量及上行/下行带宽需求,然后再确定并发带宽需求。表 5-2 为校园教室场景并发带宽计算示例,供参考。

表 5-2　校园教室典型场景并发带宽规划

业务类型	数量	上行带宽/(Mbit/s)	下行带宽/(Mbit/s)	上行并发总带宽/(Mbit/s)	下行并发总带宽/(Mbit/s)
视频监控	1 台	8	1	8	1
录播系统	2 套	10	10	20	20
电子班牌	1 个	13	1	13	1
多媒体控制系统	1 套	1	1	1	1
IP 广播	1 套	1	1	1	1
门禁	1 套	1	1	1	1
教学一体机	1 台	1	10	1	10
教学平板	60 台	1	3	60	180
总计				105	215

（1）视频监控系统主要占用上行带宽，参考政府雪亮工程视频监控标准，每台摄像机上行带宽以 8Mbit/s 计算。

（2）录播系统根据业务需求涉及上行/下行带宽，根据厂家提供业内通用标准以上行和下行各 10Mbit/s 带宽计算。

（3）电子班牌（含人脸识别）主要占用上行带宽，参考政府雪亮工程人脸识别标准，上行带宽一般以 13Mbit/s 计算。

（4）多媒体控制系统、IP 广播、门禁等对带宽要求较小，以上行和下行各 1Mbit/s 计算。

（5）一体机主要占用下行带宽，根据行业经验值以下行 10Mbit/s 计算。

（6）教学平板主要占用下行带宽，以行业经验值（一般为每台教学平板 2Mbit/s）为参考，按 3Mbit/s 下行带宽可以满足教学需求。

公共区域（教学楼平层）并发带宽计算示例如表 5-3 所示。

表 5-3　公共区域并发带宽规划

业务类型	数量	上行带宽/(Mbit/s)	下行带宽/(Mbit/s)	上行并发总带宽/(Mbit/s)	下行并发总带宽/(Mbit/s)
视频监控	10 台	8	1	80	10
AP	5 台	40	120	200	600
IP 广播	8 套	1	1	8	8
总计				288	618

视频监控系统主要占用上行带宽,参考政府雪亮工程视频监控标准,每台摄像机上行带宽以 8Mbit/s 计算。

每个 AP 假设并发 40 人接入,每人需要上行带宽 1Mbit/s,下行带宽 3Mbit/s,所以每个 AP 并发带宽为上行 40Mbit/s,下行 120Mbit/s。

4. 确定组网保护类型

PON 线路保护有 Type B、Type C 等多种类型,不同的保护类型对 OLT、分光器、ONU 的配置要求不同,在做 ONU、OLT 等的选型之前需明确。

在确定 PON 线路保护类型后,还需确定 OLT 上行组网要求,如是否需要做链路聚合、是否需要规划保护组等。

5.3 ONU 规划

5.3.1 ONU 产品介绍

ONU 是无源全光园区网络的信息点接入设备,可以提供各种各样的接入业务类型,如 PC 上网业务、Wi-Fi 无线上网业务、视频监控业务、IPTV 业务、TV 业务、语音业务等,提供 10GE、GE、FE、POTS、Wi-Fi、PoE、CATV、USB 等多种接口。

ONU 的种类划分如下。

(1) 从安装环境上看,ONU 可分为室外型和室内型两种。ONU 也可安装在室外机箱内。室外机箱应防雨、通风,光缆进出口应采取密封防潮措施,防护等级不低于 IP65。

(2) 从产品形态上看,ONU 可分为光模块式、面板式、机架式、盒式、一体化式等。

1. SFP ONU 介绍

SFP ONU 外观如图 5-1 所示,SFP ONU 又叫光模块式 ONU,可以提供一个 10GE 或者 GE 接口,形态和通用的 SFP 光模块类似,可以替代 SFP 光模块插入无线 AP、摄像头等设备中。

2. 面板式 ONU 介绍

面板式 ONU 外观如图 5-2 所示,形态和通用的 86 盒面板相似,一般可安装于桌面或墙面,86 盒面板式 ONU 可提供 GE 接口。

图 5-1　SFP ONU

图 5-2　盒面板式 ONU

3. 盒式 ONU

盒式 ONU 外观如图 5-3 所示。盒式 ONU 可以提供 4 个、8 个或更多的 GE 端口,也可以提供更高速率的接口,如 10GE 接口等,一般可放置在桌面,或安装于办公桌下,也可以挂墙或嵌墙安装于信息箱内。

4. 机架式 ONU

机架式 ONU 外观如图 5-4 所示。机架式 ONU 通常宽 19in(1in=2.54cm),提供较多的接口,一般应用于大量信息点接入的场景,可安装于房间内或弱电井、弱电间内的 19in 机柜内。

4×GE接口

8×GE接口

图 5-3　盒式 ONU

24×GE接口+24×语音接口

24×GE接口

图 5-4　机架式 ONU

5. 一体化 ONU

一体化 ONU 外观如图 5-5 所示。一体化 ONU 通常用于室外场景,能满足室外防雨、防雷、通风、线缆进出口密封防潮等要求。

图 5-5　一体化 ONU

5.3.2　ONU 选型原则

ONU 尽可能放置在靠近最终用户终端的位置,缩短以太网线(铜缆)的距离,以支撑未来带宽的平滑演进。

1. 根据使用情况选择 ONU

可以从多种因素考虑选择 ONU,具体如下。

- 根据所选用的不同 PON 技术选择不同的 ONU。例如可以选择支持 GPON 的 ONU,也可以选择支持 10G GPON 的 ONU 等。
- 根据不同的保护要求选用不同的 ONU 种类。如果需要采用 Type C 保护,则选择提供 2 个 PON 上行接口的 ONU。如果只需要采用 Type B 保护,则选择提供 1 个 PON 上行接口的 ONU。
- 根据具体的使用场景和温度要求选择不同的 ONU 种类。如果需要在室外使用,需要选择室外型 ONU 或者可以满足室外温度要求的 ONU。
- 根据具体的用户侧接口类型选择不同的 ONU 种类。例如根据提供的是 GE 接口还是 10GE 接口选择 ONU,或根据是否需要 PoE 供电选择 ONU 等。
- 根据安装场景选择不同的 ONU 种类。例如,可以选择 86 盒面板式 ONU、SFP ONU 或盒式 ONU 等。

从部署和维护角度看,一个无源全光园区内选用的 ONU 种类应该要尽量归一,归一为几种不同的 ONU 类型,以方便采购、部署和维护。

从美观性等考虑,通常采用盒式 ONU 比较多,建议将盒式 ONU 暗装在墙体内,在设计的时候需要预留相应的信息配电箱的位置及电源供电的位置。

2．根据国家建筑标准图集 ONU 选型表选择 ONU

在国家建筑标准设计图集 20X101-3 中,以及团体标准 T/CECA 20002—2019 中对 ONU 设备都有描述,可以参考相应标准的要求。

国家建筑标准设计图集 20X101-3 中,对 ONU 设备的设置要求如表 5-4 所示。

表 5-4　国家建筑标准设计图集中的 ONU 要求

安装方式	安装位置	适用场景	支持业务类型
信息配线箱内安装 ONU	信息配线箱内	办公建筑群所在园区、居住型接入,公共安全系统接入	数据、视频、语音
86 面板式 ONU	墙体内	办公建筑群所在园区、居住型接入	数据、视频、语音
墙面明装式 ONU	墙面层	办公建筑群所在园区、居住型接入	数据、视频、语音
抱杆式安装 ONU	金属支杆	建筑群所在园区室外系统接入	数据、视频

也可参考团体标准 T/CECA 20002—2019 无源光局域网工程技术标准中的 ONU 基本选型表来进行 ONU 的选择,如表 5-5 所示。

表 5-5　团体标准无源光局域网工程技术标准中的 ONU 基本选型表

设备类型	主要功能	接口要求	支撑业务	安装方式
类型 1	数据接入	以太网口	以太网、IP 数据、IP 视频	信息配线箱安装
类型 2	数据、语音接入	以太网口、POTS 口、Wi-Fi	以太网、IP 数据、IP 视频、话音、传真、Wi-Fi	信息配线箱安装
类型 3	数据、IP 语音综合接入	以太网口、Wi-Fi	以太网、IP 数据、IP 视频、话音、传真、Wi-Fi	信息配线箱安装
类型 4	数据接入、PoE 供电	以太网口带 PoE	以太网、IP 数据、IP 视频、PoE	信息配线箱安装,考虑设备电源及散热
类型 5	数据、IP 语音接入、PoE 供电	以太网口带 PoE、Wi-Fi	以太网、IP 数据、IP 视频、话音、传真、Wi-Fi、PoE	信息配线箱安装,考虑设备电源及散热

续表

设备类型	主要功能	接口要求	支撑业务	安装方式
类型6	数据、IP语音接入、PoE供电	以太网口带PoE	以太网、IP数据、IP视频、话音、传真、PoE	嵌墙电源盒或者桌面电源盒(标准86盒)安装,信息配线箱安装考虑设备电源及散热
类型7	数据接入、PoE供电	以太网口带PoE	以太网、IP数据、IP视频、PoE	室外一体化设计,采用抱杆或者挂墙安装,信息配线箱安装,考虑设备电源及散热

5.3.3 ONU选型指导

ONU选型时要考虑设备安装,保证安装的规范性、考虑设备散热等。为便于部署与维护,项目中ONU类型应越少越好。

1. 确定ONU下行接口类型和数量

接入的业务类型与数量决定了ONU下行接口的类型与数量。未来的扩容需求决定了ONU下行端口需保留的冗余量或未来需新建的ONU数量。

以中小学部分典型场景为例,如表5-6所示,通过对不同场景所带的信息点的数量进行统计,决定每个ONU下行的接口类型和接口数量。

表5-6 中小学场景ONU的用户侧接口数量

典型场景	电子班牌/个	PC机/台	摄像头/个	无线AP/台	IP广播/套	教学一体机/台	门禁/套
普通教室	1	—	1	1	1	1	1
功能教室	—	—	1	1	1	1	1
行政办公室	—	5	—	1	—	—	1
教师办公室	—	16	—	1	—	—	1
会议室	—	—	—	1	—	—	1
报告厅	—	—	—	4	—	—	1
公共区域(平层过道)	—	—	—	5	8	—	—

如果在设计早期,还没有对建筑物进行详细设计,可考虑根据建筑物的面积来配套ONU的数量。可参考团体标准T/CECA 20002—2019无源光局域网工程技术标

准中的办公建筑工作区面积划分与终端设备配置表来配置 ONU 设备,如表 5-7 所示。

表 5-7　办公建筑工作区面积划分与 ONU 设备配置表

项　目		办公建筑	
		行政办公建筑	通用办公建筑
每一个工作区面积/m^2		办公:5~10	办公:5~10
每一个用户单元区域面积/m^2		60~120	60~120
每一个工作区类型、数量与安装位置	RJ45	一般:2 个 政务:2~8 个	2 个
	ONU 类型选择	建议 4 接口或 8 接口	建议 4 接口
	ONU 安装位置	办公桌	办公桌

2. 确定 ONU 上行接口类型

并发带宽需求决定了 ONU 上行 PON 端口类型。如果并发带宽较大,采用 2:4、2:8 等小分光比 GPON 带宽不能满足需求时,则需考虑使用 10G PON OLT 及 10G PON ONU。不同 PON 技术的详细参数如表 5-8 所示。

表 5-8　不同 PON 技术参数表

类　型	GPON	对称 10G GPON(XGS-PON)
线路速率/(Gbit/s)	• 上行:1.25 • 下行:2.49	• 上行:9.95 • 下行:9.95
有效带宽/(Gbit/s) (64 个 ONU)	• 上行:1.05~1.24 • 下行:2.44~2.49	• 上行:8.50~9.40 • 下行:8.60~9.50
最大光链路损耗/dB	• Class B+:28 • Class C+:32 • Class D:35	• N1:29 • N2:31 • E1:33
最小光链路损耗/dB	• Class B+:13 • Class C+:17 • Class D:20	• N1:14 • N2:16 • E1:18

3. 确定 ONU 上行接口数量

PON 线路保护类型决定了 ONU 的 PON 端口数量。若采用 Type B 保护类型,则配置单 PON 端口 ONU;若采用 Type C 保护类型,则需配置 PON 端口 ONU。

5.3.4　ONU 部署位置

1．部署位置选取原则

对于 ONU 的部署位置,在设计时需综合考虑表 5-9 相关因素。

表 5-9　ONU 部署位置选取原则

考 虑 因 素	说　　　明
到信息节点的距离	建议与接入的信息点位越近越好,ONU 与信息点越近越能体现全光接入的优势
布线路由	OLT 至 ONU,以及 ONU 至信息点位的布线路由越短越好,建议部署在桥架至信息节点位的路由上,ONU 的部署不应带来额外的布线路由
安全性	包括人身安全和设备安全。ONU 部署及部署后无安全性风险,如散热、防水、防尘、电磁等,安装符合安防规范,设备要有一定固定,以防止坠落
可扩展性	ONU 端口及安装空间有一定预留,方便后期 ONU 扩容或 ONU 升级换代
易部署	不需要借助特殊工具(如吊车),最好 1 人能完成部署(含信息箱部署)
易维护	设备故障后 5min 内可被更换。易维护较易部署有较高优先级,可适当牺牲易部署性以获得更好的可维护性
唯一性	对于信息点位较少的类房间场景,若采用盒式 ONU,尽量只部署在一个信息箱内或一个物理位置
统一性	园区内 ONU 安装位置、高度、信息箱风格等尽量统一,以便维护时能被快速找到
美观	ONU 或 ONU 信息箱部署后,与环境契合,满足客户审美

2．部署位置示例

ONU 部署位置比较灵活,可以根据不同场景进行灵活部署,除了通常安装在墙体内的多媒体信息箱中,还可以安装在办公家具内等。

1) ONU 安装在办公桌下

如图 5-6 所示,在大开间的办公室场景,可以考虑将 ONU 安装在 4 个办公座位的中间,每个 ONU 可提供 4 个或者 8 个以太网接口,可以给 4 个办公位提供网络服务。

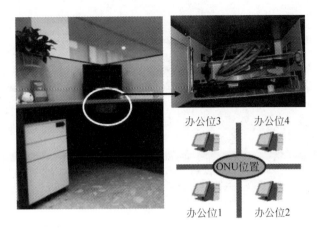

图 5-6　ONU 安装在办公桌下示意图

2）ONU 安装在酒店客房衣柜内隐藏信息箱中

如图 5-7 所示，在酒店场景中，客户有时将 ONU 安装在客房衣柜内隐藏信息箱中，ONU 提供接口连接房间的客房控制、书桌下面的无线 AP 及客房内的电视机等。

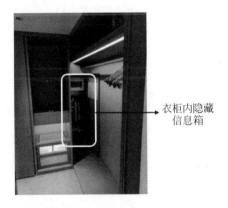

图 5-7　ONU 安装在酒店客房衣柜内隐藏信息箱中示意图

3）ONU 安装在教室前端信息箱内

如图 5-8 所示，在教育场景中，有些客户将 ONU 安装在教室前端的信息箱内，ONU 提供接口连接教室的电子黑板、课堂桌面云、电子班牌、摄像头、无线 AP 等。

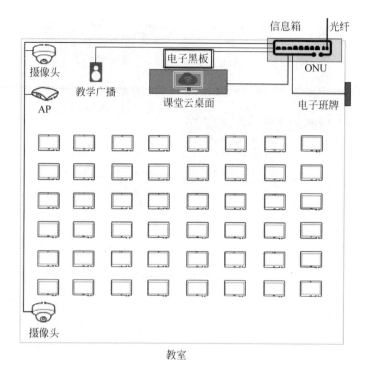

图 5-8　ONU 安装在教室前端信息箱内示意图

5.4　ODN 规划

5.4.1　ODN 产品介绍

ODN(Optical Distribution Network,光纤配线网络)是基于 PON 设备的无源全光网络,其作用是在 OLT 和 ONU 之间提供光传输通道。

ODN 从功能划分,可分为光分配点、接入点、主干光缆、配线光缆和楼内水平光缆。

如图 5-9 所示,ODN 部件包括分光器、光纤配线架、光纤、光纤连接器。

(1) 分光器:主要是实现光功率的分配,分光器为无源器件,分光器有熔融拉锥式和 PLC 式两种。

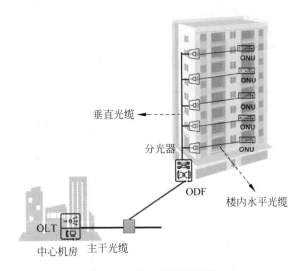

垂直光缆 ←----

分光器

ODF

楼内水平光缆

OLT

中心机房　主干光缆

图 5-9　ODN 网络组网图

（2）光纤配线架：主要是实现光纤之间的灵活配置和接续。

（3）光纤：光纤包含了光缆和尾纤。

（4）光纤连接器：主要是将两根光纤连接在一起。

1．ODN 建网方案

ODN 建网有两种方案，即 ODN 传统熔接方案和 ODN 预连接方案。两个方案整体网络架构相似，主要区别在于光纤部署的方式不同，传统方案需要熔接光纤，而预连接方案不需要熔接，即插即用。

预连接是指在工厂提前预制连接头，将连接头提前固定在光纤上，现场即插即用免熔接，大大简化了光纤的部署难度，提高了部署的效率，ODN 传统熔接方案和 ODN预连接方案的对比如图 5-10 所示。

1）ODN 预连接方案室内应用场景

针对室内场景，如房间、综合办公等场景，ODN 预连接方案室内应用场景如图 5-11所示。该解决方案适用于室内类房间及综合办公场景。

（1）类房间的场景特点：一房一纤，如教育园区的宿舍、公寓、教室，酒店客房，医院的病房等。

（2）综合办公的场景特点：高密/低密接入，光纤到桌面，如教育园区的办公区、政企园区的办公区、综合楼宇的办公区等。

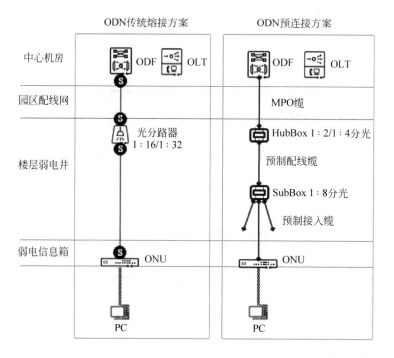

图 5-10 ODN 传统熔接方案和预连接方案

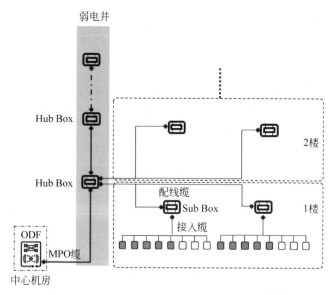

图 5-11 ODN 预连接方案室内应用场景

室内预连接 ODN 方案的优点如下。

(1) 节省光纤：通过 MPO 缆级联 Hub Box，节省光纤。

(2) 节省弱电机房：Hub Box 和 Sub Box 都是带分光器的小尺寸盒式设备，不需要弱电机房。

(3) 易部署：光缆为子弹头设计，便于穿管。

2) ODN 预连接方案室外应用场景

针对室外场景，如视频监控数据回传场景、室外 Wi-Fi 回传场景，ODN 预连接方案室外应用场景如图 5-12 所示。

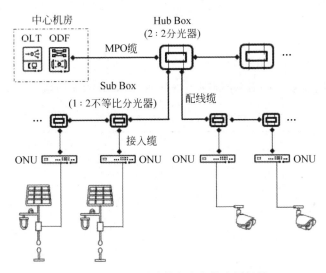

图 5-12　ODN 预连接方案室外应用场景

室外预连接 ODN 方案的优点如下。

(1) 全程 100％免熔接：采用预连接光缆，免熔接，降低熔纤施工难度。

(2) 高可靠：物理链路采用 Type X 保护，支持故障时快速倒换，提高网络可靠性。

(3) 节省光纤：通过不等比分光实现单芯光缆级联多个 ONU，节省光纤。

2．光分路器

光分路器又叫分光器，包括盒式光分路器、机架式光分路器、插片式光分路器等，如图 5-13 所示。

分光器应采用全带宽型(工作波长的范围是 1260～1650nm)和均匀分光型的平面波导型(PLC)光分路器。光分路器端口类型的选择既要考虑方便维护管理又要考虑

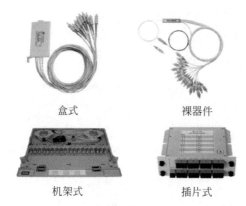

盒式　　　　　　裸器件

机架式　　　　　　插片式

图 5-13　常见的无源分光器种类

减少活动连接点的数量。光分路器属于无源器件,不需要考虑供电、散热等问题。

不同的分光比引入的光链路插损不一样,详细的插入损耗请参见表 5-10 的描述。

表 5-10　PLC 分光器的插入损耗

项目	PLC 器件 2∶N 分光器插入损耗					
分光器规格	2∶2	2∶4	2∶8	2∶16	2∶32	2∶64
插入损耗/dB	≤4.0	≤7.6	≤10.8	≤13.8	≤17.1	≤20.8
项目	PLC 器件 1∶N 分光器插入损耗					
分光器规格	1∶2	1∶4	1∶8	1∶16	1∶32	1∶64
插入损耗/dB	≤3.8	≤7.4	≤10.5	≤13.5	≤16.8	≤20.5

3. 光纤

光纤主要是利用光的全反射原理来实现光信号在光纤中的传输。根据传输模式的不同,光纤可以分为多模光纤和单模光纤两种。

多模光纤指的是同时多个模式的光信号在光纤中传输,相互之间易产生干扰,损耗较大,传输距离短。

单模光纤指的是同一时间内在光纤中只允许一个模式的光信号传输,损耗相对较小,可以应用在长距离传输。

无源全光园区网络采用的是单模光纤。

光信号在不同类型的光纤中传输的损耗也不一样,不同波长的光信号在不同类型的光纤中传输的损耗也不一样,光纤衰减系数如表 5-11 所示,在无源全光园区中通常按照 1310nm 波长来计算光纤中的衰减。

表 5-11　光纤衰减系数

波　　长	衰减系数/(dB/km)	
	G.652	G.657
1310nm 衰减系数最大值	0.35	0.38
1550nm 衰减系数最大值	0.21	0.24
1625nm 衰减系数最大值	0.24	0.28

4. 光纤连接器

如图 5-14 所示,光纤连接器的种类可以分为 SC(Standard Connector,标准接头)、LC(Lucent Connector,朗讯接头)、FC(Fiber Connector,光纤接头)和 ST(Straight Tip,直接端口)等,无源全光园区所采用的光纤连接器类型为 SC。

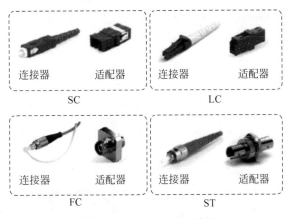

图 5-14　常见的光纤连接器

光纤连接器是通过插芯端面相互对接来实现光信号传输的。如图 5-15 所示,光纤连接器的插芯研磨平面分为 3 种,即 PC(Physical Contact)、UPC(Ultra PC)和 APC(Angel PC)。国内通常使用 UPC 接口,国外通常使用 APC 接口。

5. 预连接线缆

如图 5-16 所示,预连接线缆分为双端预连接线缆和单端预连接线缆。双端预连接线缆在出厂时两端已经预制适配器,使用时无需熔接适配器。单端预连接线缆在出厂时只有一端预制适配器,使用时另一端需要根据实际需要熔接适配器。

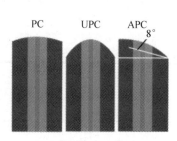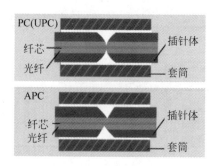

(a) 三种插芯端面示意图　　　　　(b) 端面相互接触连接器原理图

图 5-15　光纤连接器插芯端面

(a) 双端预连接线缆　　　　(b) 单端预连接线缆

图 5-16　预连接线缆

6. 预连接产品

如图 5-17 所示,预连接产品可分为室内型和室外型两种,包括 Hub Box、Sub Box 和 End Box。

(a) 室内预连接产品　　　　(b) 室外预连接产品

图 5-17　预连接产品

(1) Hub Box 主要用于主干光缆在盒体内直通和分歧,主干光缆和尾纤或者分光器熔接,输出端配置的是室外预连接适配器。

(2) Sub Box 盒体内配置不等比分光器,如 30∶70 分光比,其中大功率输出端(70%光功率输出部分)连接下一个不等比 FAT,小功率输出端(30%光功率输出部分)直接入户。

(3) End Box 配置等比分光器,用于入户。

5.4.2　ODN 规划指导

1. ODN 规划原则

ODN 规划设计要满足经济性、灵活性、可靠性、易实施、易维护、易管理。

(1) 经济性：综合成本最优，统筹考虑设备成本、施工成本、维护成本，充分利用可用资源。

(2) 灵活性：ODN 网络具备灵活性，方便 OLT 端口与 ONU 之间连接关系的灵活调整等。

(3) 扩展性：ODN 网络具备可扩展性，方便后续其他业务接入、带宽及信息节点扩容、网络整体升级（如由 GPON 升级为 10G PON）。

(4) 可靠性：可靠件满足客户要求。

(5) 易实施：项目建设做到线缆少、节点少、易实施。

(6) 易维护：项目转维后易监控线路状态，坏件替换、故障点处理等维护动作易于操作。

2. ODN 规划建议

无源全光园区应采用单模光纤进行建设。室外光缆总光纤宜采用 G.652D 型单模光纤，室内光缆宜选用模场直径与 G.652 光纤相匹配的 G.657 类单模光纤。

应根据业务的重要程度及采用的 ONU 类型选择合适的保护类型，如可选择 Type B 双归属保护，也可以选择 Type C 双归属保护。

应根据具体的带宽要求选择合适的分光器及分光比，可以采用插片式、盒式或者机架式分光器，也可以采用熔融拉锥式分光器或者 PLC 分光器。

无源全光园区的分光器推荐采用一级分光模式。一级分光器放置在建筑物的楼层弱电间内。

无源全光园区 ODN 设计应满足全程光信道衰减的要求。从 OLT 到单个 ONU 之间的全程光信道衰减指标应满足全程光功率预算的要求。

每个 ONU 接入光缆应根据用户分布情况配置。需要预留部分光纤，有特殊要求的客户应根据客户需求设计。

当采用 Type B 或 Type C 双归属保护时，分光器至 OLT 之间的两根主干光纤需要规划不同的路径，避免由于在同一管道中被同时破坏，无法起到 1+1 备份作用。

设备间及布线设计应符合现行国家标准《综合布线系统工程设计规范》（GB 50311）、现行团体标准《无源光局域网工程技术标准》（T/CECA 20002）的要求。

3．ODN 规划流程

ODN 网络规划流程如图 5-18 所示。

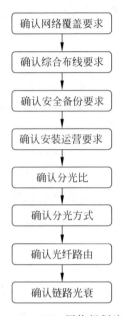

图 5-18　ODN 网络规划流程

5.4.3　确认网络覆盖要求

1．明确接入业务类型

规划的第一步是梳理、明确需要承载的业务，基于业务需求来规划网络。

园区业务类型可分为数据、语音及组播三大类，不管是办公园区，还是教育园区，纷繁复杂的各类业务均可归集到此三类中。

以教育场景为例，各业务归集如下。

（1）数据业务：如 PC 接入、AP 接入、视频回传、监控业务（如门禁、车库道闸、车位监控、周界防范、烟感、水浸检测等）、信息发布系统（如电子班牌、触摸查询、信息发布、LED 大屏等）、IP 广播等。

（2）语音业务：如 IP 电话。

（3）组播业务：如 IPTV、校园电视台等。

2. 收敛接入典型场景

（1）园区场景可收敛为若干类典型场景，识别典型场景的目的在于做 ONU 选型，并基于典型场景设计综合布线，使设计与实施简单化。

（2）细化园区接入业务类型的部署位置及数量，基于这些详细信息收敛形成典型场景。在归纳典型场景时，一方面罗列出所有业务类型，另一方面罗列出所有场景并标注这些场景所覆盖的业务类型与数量，审视、合并接入模型相同的场景，从而形成典型场景。

3. 确定并发带宽需求

（1）典型场景并发带宽需求是确定分光比、ONU 选型、OLT 设备 PON 端口数量的依据。

（2）要确定典型场景的并发带宽需求，首先需要明确典型场景下各业务类型的接入数量、每单位业务类型的上下行带宽需求，然后确定并发带宽需求。

通常情况下，无源全光园区中各种业务的参考传输速率见表 5-12。

表 5-12　各种业务的参考传输速率

主要业务类型	参考传输速率
有线办公系统	2～10Mbit/s
WLAN 系统	均值：100～500Mbit/s 峰值： 500～800Mbit/s（双频 AP） 1.3～1.3Gbit/s（三频 AP）
视频监控系统	1080P：2～5Mbit/s 4K：15Mbit/s
视频会议系统	单屏：2Mbit/s 三屏：6Mbit/s
IP 语音系统	200kbit/s
其他系统（出入口控制、一卡通等）	1Mbit/s

4. 确定未来扩容需求

在规划当前网络时，需考虑未来的 ONU 扩容需求，这些需求可能客户已经明确但本期项目暂未实施。影响 ONU 扩容的因素包括新业务的接入需求、存量业务的带宽升级需求,以及园区扩建。

如图 5-19 所示,每新增一个 ONU 都会消耗光缆光纤、光分路器、ODN 连接设备、OLT 设备 PON 端口等资源,因此,未来的 ONU 扩容需求在项目建设时应明确。

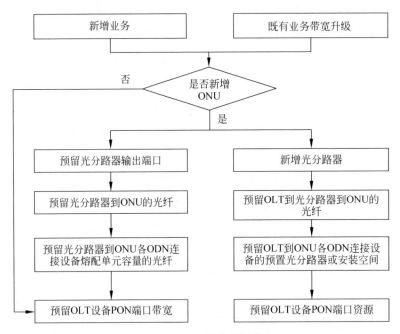

图 5-19 ONU 扩容规划流程

5.4.4 确认综合布线要求

ODN 规划设计需要充分考虑地形、建筑结构,以及园区未来规划。

在设计之前需现场了解园区地形、地貌,以及建筑结构。河流、湖泊、沟渠、山石、道路、强电线路、输气输水线路、未来规划等会对 ODN 规划设计与实施造成影响,需重点了解。收集园区平面图、卫星图、建筑平面图、结构图等,为规划制图提供输入。

勘测、梳理园区既有的走线槽、走线管、走线杆、光缆、ODF、弱电井、机房、机柜空间等资源及利用情况。评估项目实施时布线空间是否满足需求,有多少光缆资源可以利旧,机柜是否可以利旧。收集整理管网路由图,收集整理机房平面图、机柜布局图。

明确客户对布线的要求,如是否在既有机柜内安装设备,室外光缆地下或架空布线要求,在没有现成的槽、管情况下,是否新建槽、管,以及对槽、管等的安全方面的要求等。

5.4.5　确认安全备份要求

1．明确 PON 线路保护方式

光路的安全备份主要从线路保护类型、光缆路由、光纤资源冗余几个方面实现。PON 线路常见的保护方式有 Type B、Type C 方式，从组网场景看又可以分为 Type B 单归属、Type B 双归属、Type C 单归属、Type C 双归属等保护类型。推荐采用 Type B 双归属保护，或者 Type C 双归属保护。

2．明确光缆路由要求

首先考虑线路的安全性，避开高危因素，如震动源、热源等。

其次在满足覆盖需求的基础上设计最短路径，光缆路由必须易部署、易运维。对于安全要求高的项目，馈线（主干）光缆可采用环路路由等方式。

3．明确光纤资源冗余要求

（1）光纤资源冗余：充分预留足够的冗余光纤资源，在主用光纤故障的情况下转换光纤，确保光路安全。

（2）对于馈线、配线光缆若客户无特殊要求，建议至少预留 10% 冗余资源。例如，馈线光缆实际使用 52 芯，已知未来扩容需求预留 12 芯，共计实际需求 64 芯，如果预留 10%，即 6 芯，则共计 70 芯，此时最小可选择 72 芯光缆。如果预留度更高，或未来需求不可见，也可规划 96 芯、144 芯等大容量光缆，或者部署两条 72 芯光缆，部署位置区隔，以确保线路安全。

（3）对于接入段光缆，建议预留一倍纤芯。例如，安装点只部署一台 ONU 且未来无扩容需求，建议部署 2 芯皮线缆。安装点部署一台 ONU 未来预计扩容一台 ONU，建议部署 4 芯以上的皮线缆。

5.4.6　确认安装运营要求

确认用户从安装、运营角度对 ODN 的要求，主要涉及易实施、易维护、易管理等方面，具体如下。

（1）线缆、设备布放的位置是否利于安装与维护。

（2）信息箱尺寸与箱内操作维护空间、部署位置是否支持柜门充分打开。

（3）光纤连接处的处理方式，是采用熔接方式还是预连接方式。

（4）适配器与跳纤、尾纤的类型与数量。

（5）柜内、柜外各类线缆布线路由、布线规范。

（6）线槽、线管等的可拆卸性。

（7）标签制作规范。

（8）信息箱上粘贴的线缆对应关系表的制作要求等。

5.4.7　确认分光比

分光比由光路衰减及并发带宽需求确定。

（1）分光比决定了接入 ONU 数量的上限，但分光比越大光路衰减越大，由于光路的光功率衰减不能超出链路衰减的范围，因此，需要考虑分光比的大小对光衰带来的影响，对光路衰减进行测算，并根据测算结果重新审视分光比设计的合理性。

（2）带宽需求是决定 PON 端口下接入的 ONU 数量的主要因素。首先，可以计算出所有典型场景对应的分光比，然后收敛确定实际采用的分光比，建议一个园区中采用不超过 2 种分光比。

在无源全光园区中，分光比的设计可以参考以下公式计算。

分光比＝OLT 的 PON 端口带宽÷ONU 用户端口数÷用户终端的平均带宽

（1）分光比：按照 2、4、8、16、32、64 等数值进行选择，如果计算结果位于两个数字中间，则向下取值，如分光比计算结果为 18，则向下取值 16。

（2）OLT 的 PON 端口带宽：根据所采用的 PON 技术确定端口带宽，可参见本书中不同 PON 技术的参数表。

（3）ONU 用户端口数：所采用的 ONU 实际使用的用户侧端口数量，并非 ONU 支持的端口数。比如采用的是 4 个 GE 端口的 ONU，但是在实际使用中只使用 2 个，则数值为 2。

（4）用户终端的平均带宽：所支持的业务平均带宽，根据客户需求定，也可以参考本书中的业务带宽需求。

除了按照上述的计算方法之外，也可以根据每个 ONU 所需带宽来计算，公式如下。

分光比＝OLT 的 PON 端口带宽÷每个 ONU 所需的带宽

举个例子，针对教育场景，采用 GPON 接入，分光比和并发带宽规划如表 5-13 所示。

表 5-13　教育场景分光比和并发带宽规划

典 型 场 景	上行/下行并发带宽/(Mbit/s)	上行/下行计算的分光比	适配的分光比	选择的分光比
普通教室	105/215	2∶11/2∶11	2∶8	2∶8
功能教室	90/214	2∶13/2∶11	2∶8	2∶8
行政办公室	20/60	2∶62/2∶41	2∶32	2∶8
教师办公室	30/90	2∶41/2∶27	2∶16	2∶8
会议室	20/60	2∶62/2∶41	2∶32	2∶8
报告厅	200/600	2∶6/2∶4	2∶4	2∶4
公共区域	288/618	2∶4/2∶4	2∶4	2∶4

5.4.8　确认分光方式

从分光器的部署位置看,分光方式包括一级分光和二级分光。

无源全光园区推荐采用一级分光方式。

1. 一级分光

一级分光方式,无源分光器部署在弱电间,如图 5-20 所示。这种分光方式适用于建筑物内 ONU 终端数量较多且每个楼层的 ONU 终端数量也较多的场景。这种场景下适合采用一级分光方式,分光器放置在建筑物的楼层弱电间。无源全光园区推荐采用这种方式组网。

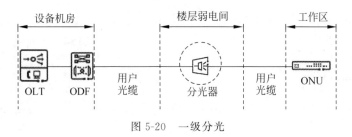

图 5-20　一级分光

2. 二级分光

二级分光方式,一级分光器部署在设备机房,二级分光器部署在弱电间,如图 5-21 所示。建筑物内 ONU 终端数量不多,但每层楼 ONU 终端数量相对较多时,可采用二级分光方式。不过对于二级分光方式光纤的拓扑管理、故障定位等都比较麻烦,所以不建议采用这种方式。

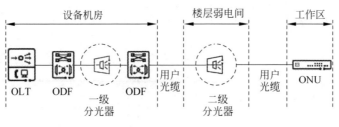

图 5-21　二级分光

5.4.9　确认光纤路由

1. 环形组网

建筑物群之间的光纤路由采用环网组网保护，即光纤在几栋建筑物之间采用环形路由。

如图 5-22 所示，OLT 和核心交换机放置在园区核心机房，用户光缆在建筑物之间沿着主要道路管道进行环形布放，最终再返回到园区核心机房。

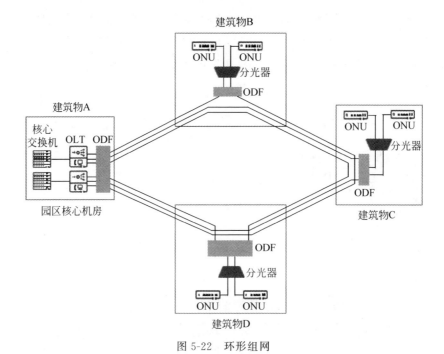

图 5-22　环形组网

每栋建筑物各自从用户光缆中取出自己所需的光纤通过 ODF 接到 2：N 分光器，接到 ONU 上。2：N 分光器上行的两根光纤需要分别接到光纤环网的东向和西向两个方向上进行保护。同一根光纤斩断之后两个断面是不同的环路走线，对于建筑物 B 而言，光纤东向路由就是经过建筑物 C、建筑物 D，然后再到建筑物 A。光纤西向路由就是建筑物 B 直接到建筑物 A。

每栋建筑物内 2：N 分光器上的两根上行光纤需要接到两台 OLT 设备的不同 PON 端口上，两台 OLT 之间采用 Type B 双归属保护方式进行 1+1 备份。

2. 星形组网

建筑物群之间的光纤路由采用星形组网保护，既光纤在几栋建筑物之间采用星形路由。

如图 5-23 所示，OLT 和核心交换机放置在园区核心机房，用户光缆在建筑物 A 到其他的建筑物之间都采用双星形的光缆进行保护组网。

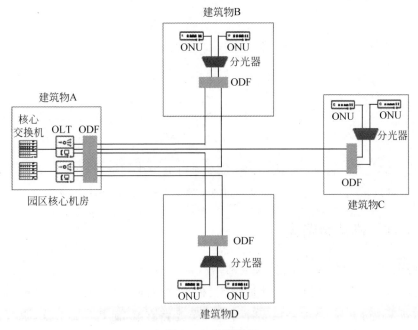

图 5-23　星形组网

园区核心机房所在的建筑物 A 到每栋建筑物都有两根光缆，各建筑物分别从建筑物 A 过来的两根用户光缆中取出自己所需的光纤通过 ODF 连接 2：N 分光器，再连接 ONU。2：N 分光器上行的两根光纤需要分别接到两根不同的光缆上以进行保护。

每栋建筑物内 2∶N 分光器上的两根上行光纤通过两根不同的光缆连接到园区核心机房两台 OLT 设备的不同 PON 端口上,两台 OLT 之间采用 Type B 双归属保护方式进行 1+1 备份。

3. 链形组网

在高速公路、园区周围等场景,信息点分布比较散且距离远,此时可以使用链形组网。

如图 5-24 所示,采用不等比分光进行链形组网,光纤沿着主干路进行敷设,在到达每个站点时进行不等比分光,通过这样一级一级向下分光,实现链形组网的远距离覆盖。

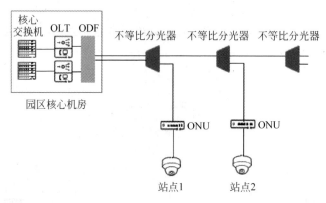

图 5-24　链形组网

理论上的分光级数可以达到 13 级,需要进行分光比的规划,在每个站点分配不同的功率,如可以采用 5%∶95%、10%∶90%、20%∶80%、30%∶70%等分光比。

5.4.10　确认链路光衰

无源全光园区的 ODN 需要满足网络端到端的全程光信道损耗要求。应根据 ODN 设计测算出 OLT 到 ONU 之间最大、最小链路衰减值,若测算结果超出标准范围,可重新审视分光比、线路路由设计等以调节光路衰减,使其达到标准,也可以通过添加光路衰减器的方式来调节光路衰减。

ONU 的接收光功率需满足光模块的过载光功率及接收灵敏度的区间要求,因此,在明确 ODN 方案之后需要按照式(5-1)对光路的衰减进行测算。

$$全程光信道衰减 = L \times A_f + X \times A_r + N \times A_c + A_s + M_c \tag{5-1}$$

式中：

L——OLT 到单个 ONU 之间的各段光纤长度的总和(km)。

A_f——设计中规定的光纤(不含接头)的衰减系数(dB/km)。

X——OLT 到单个 ONU 之间的所有光纤熔接接头总数(个)。

A_r——设计中规定的光纤熔接的平均衰减系数(dB)。

N——OLT 到单个 ONU 之间的所有光纤活动接头的总数(个)。

A_c——设计中规定的光纤活动接头的平均衰减系数(通常为 0.5dB/个)。

A_s——OLT 到单个 ONU 之间的所有分光器插入损耗的总和(dB)。

M_c——线路维护余量。

各部件的典型衰减值如表 5-14 和表 5-15 所示。

表 5-14　各部件的典型衰减值

序号	部　件	部　件　类　型	典型衰减值/dB
1	光缆(G.652D 型号)	波长 1310nm,长度 1km	0.38
2	连接点	熔接	0.1
		冷接	0.5
		活动连接	0.5
		快速连接器	0.5

表 5-15　线路维护余量取值要求

传输距离/km	线路维护余量取值/dB
$L\leqslant5$	$1\leqslant M_c$
$5<L\leqslant10$	$2\leqslant M_c$
$10<L$	$3\leqslant M_c$

5.4.11　ODN 选型指导

ODN 产品选型与项目状况强相关,没有一个通用的产品配置模型可以满足所有场景需求,以下我们抽取不同典型场景结合华为技术有限公司的 ODN 产品进行说明,供读者参考。

1. 光纤光缆选型指导

1) 光缆

光缆选型需将以下因素作为输入。

（1）部署环境（室内、室外）。

（2）功能（馈线、配线、接入线）。

（3）线缆的芯数。

（4）规格（单模/多模、弯曲半径要求等）。

（5）用户接入缆。

根据场景进行选择，用户接入缆分为以下三种类型。

（1）室内场景皮线缆。

（2）室外架空引入皮线缆。

（3）室外管道引入光缆。

如果采用的是 PoF 供电方式，需要考虑光电复合缆的类型，包括长度、接口类型等。

2）配线光缆

配线光缆分室内敷设和室外敷设两个场景，客户无特殊要求情况下冗余配置 10% 纤芯，配线光缆纤芯数量大于（主用纤芯数量＋备用纤芯数量）×110% 即可。

（1）室内敷设主要应用于弱电井垂直布线。当芯数小于等于 24 芯时，采用中心束管式结构，当芯数大于 24 芯时采用层绞式结构。

① 对于低楼低密建筑（如 6 层及以下），每层的分光点可部署一条 6 芯光缆，这么做虽然增加了光缆用量但减少了掏纤工作量。

② 对于高楼高密建筑（如 12 层及以上），可部署多条 24 芯/48 芯光缆，每条光缆可覆盖上下 3 层共 6 层楼。

（2）室外敷设有多种场景，如管道敷设、直埋、非自承式架空、自承式架空、微管敷设等。在无源全光园区网络中管道敷设及非自承式架空是最常见的场景，以下对此场景使用的光缆进行介绍。管道敷设及非自承式架空光缆适合防潮性能要求高的场合或在雨水管道内敷设，其型号与芯数规格如表 5-16 所示。

表 5-16　室外场景光缆类型

光 缆 型 号	光 缆 芯 数	光 缆 类 型
GYFY	8,12,24,36,48,72,96,144	B1.3
GYTA	8,12,24,36,48,72,96,144	B1.3
GYTS	8,12,24,36,48	B1.3
GYFTY	8,12,24,36,48,72,96,144	B1.3
GYFGY	8,12,24,36,48,72,96,144	B1.3

光 缆 型 号	光 缆 芯 数	光 缆 类 型
GYFTGY	8,12,24,36,48,72,96,144	B1.3
GYFKY	8,12,24,36,48,72,96,144	B1.3
GYFTA	8,12,24,36,48,72,96,144	B1.3
GYFTS	8,12,24,36,48,72,96,144	B1.3
GYFTKY	8,12,24,36,48,72,96,144	B1.3
GYDGA	48,100,200	B1.3

2. 分光器选型指导

分光器选型需将以下因素作为输入。

(1) 分光比。

(2) 分光器形态。

(3) 安装位置与方式。

(4) 是否采用 PoF 供电方式,如果采用 PoF 供电方式,分光器内置在供电单元中,要整体考虑。

3. 光纤配线架选型指导

ODF(Optical Distribution Frame,光纤配线架)分为机柜式 ODF 和机架式 ODF 两种,选型时需考虑以下因素。

(1) 部署环境(室内、室外)。

(2) 安装空间大小。

(3) 容量。

(4) 适配器类型。

5.5　OLT 规划

OLT 设备应具备高带宽、高密度、高转发性能,宜采用分布式架构的智能汇聚 OLT 平台,以支持未来长期的演进。

5.5.1 OLT 产品介绍

从 OLT 的 PON 端口数量及 OLT 的尺寸规格看,OLT 可以分为大规格 OLT、中规格 OLT 和小规格 OLT。选型时要根据 PON 端口数量及业务需求选择相应规格的 OLT,另外需要考虑用户量的增长和未来业务增长情况的影响。

从形态看,OLT 分为插卡式和单机版。插卡式 OLT 有大规格 OLT、中规格 OLT 及小规格 OLT 之分,单机版一般为小规格 OLT。

插卡式 OLT 和单机版 OLT 各有优势。

(1) 插卡式扩容灵活,业务单板可根据实际情况灵活配置,便于后期扩容,且一般插卡式 OLT 对重点部件都有双配置保护,如对于主控板和电源板都是双配以进行保护,一般适用于大、中、小型园区。

(2) 单机版用户接口数量是确定的,无法扩容,但单机版形态小,易部署,省空间,通常无主控板等单独部件,所以也没有主控模块的双配保护,一般适用于小型或者微型园区。

以华为公司 OLT 产品为例,OLT 设备类别和参数信息如图 5-25 所示,OLT 分为大规格、中规格、小规格和单机版。

大规格OLT设备
- 宽21in,高486mm
- 支持272个GPON端口
- 支持272个XGS-PON端口

中规格OLT设备
- 宽19in,高263.9mm
- 支持112个GPON端口
- 支持112个XGS-PON端口

小规格OLT设备
- 宽19in,高88.1mm
- 支持32个GPON端口
- 支持32个XGS-PON端口

单机版OLT设备
- 宽19in,高43.6mm
- 可支持16个GPON端口
- 或支持16个XGS-PON端口

图 5-25 OLT 设备类别和参数

5.5.2　OLT 选型原则

根据所用的 PON 技术来选择 OLT，如选择支持 GPON 的 OLT，或者选择支持 10G GPON 的 OLT 等。

1. 根据园区所需的 PON 端口数量选择 OLT

无源全光园区中，OLT 的 PON 端口数量的计算和选择，应根据 ONU 的总数量，结合选定的分光器的分光比（如果分光器有预留，需要考虑分光器下实际带 ONU 的个数）进行计算，计算出 OLT 所需的 PON 端口数量，PON 端口的总数可采用以下公式计算。

$$PON 端口数量 = ONU 总数 \div 分光比参数$$

（1）PON 端口数量：单台 OLT 或多台 OLT 所需的 PON 端口数量。

（2）ONU 总数：整个园区（或 OLT 覆盖范围内）所采用的 ONU 总数。

（3）分光比参数：根据业务带宽需求选择的分光比参数，如果是分光器下满配 ONU，则分光比参数为分光比；如果分光比下不满配 ONU，则分光比参数为实际带 ONU 的个数。例如有些地方，采用了 2∶16 的分光器，但是每个分光器下只会接 8 个 ONU，那么这个分光比参数就按照 1∶8 来计算。

OLT 需根据园区所需的可靠性需求进行选择，如果某些园区对可靠性要求高，要求 OLT 的主控板必须要双配，则选择支持主控单板 1+1 备份的插卡式 OLT 设备。

无源全光园区的 OLT 推荐采用双归属保护，所以推荐配置两台 OLT 设备。

2. 根据国家建筑标准图集 OLT 选型表选择 OLT

在国家建筑标准设计图集 20X101-3 中，以及团体标准 T/CECA 20002—2019 中对 OLT 的选型都有描述，OLT 的选择可以根据现有的规范和定义选择。

国家建筑标准设计图集 20X101-3 中 OLT 选型表如表 5-17 所示。表 5-17 中的 xPON 对应本书中的 GPON，10G PON 对应本书中的 10G GPON。

表 5-17　国家建筑标准设计图集 OLT 选型表

项　　目	插卡式			单机版
规格类型	规格 1	规格 2	规格 3	规格 4
双主控、双电源热备	支持	支持	支持	—

续表

项 目	插卡式			单机版
单台设备支持 xPON 端口数量/个	≥200	≥96	≥32	≤16
单台设备支持 10G PON 端口数量/个	≥100	≥48	≥16	≤16
单台设备接入 xPON ONU 数量/台	≥6000	≥3000	≥1000	≤512
单台设备接入 10G PON ONU 数量/台	≥6000	≥3000	≥1000	≤1024

注：单台设备接入 ONU 数量，xPON 按照 1∶32 分光比计算，10G PON 按照 1∶64 分光比计算。

也可以参考团体标准 T/CECA 20002—2019 无源光局域网工程技术标准中的 OLT 选型参考表来进行 OLT 的选择，如表 5-18 所示。

表 5-18　团体标准无源光局域网工程技术标准中的 OLT 选型参考表

负荷分担模式	插卡式			单机版
规格类型	大规格	中规格	小规格	小规格
主控板交换容量/(bit/s)	3.6T	3.6T	480G	不涉及
业务板槽位带宽能力/(Gbit/s)	100	100	80	不涉及
系统二层包转发率/(Mbit/s)	5289	5289	714	13
MAC 地址数/个	262143	262143	262143	32768
IPv4 路由表/条	65536	65536	65536	8192
IPv6 路由表/条	16384	16384	16384	4096
单框最大支持 GPON 端口数/个	272	112	32	8
单口最大支持 XG-PON、XGS-PON 端口数/个	136	56	16	4
PON 端口最大传输距离/km	20	20	20	20
GPON Type B/Type C 保护	支持	支持	支持	—
10G GPON Type B 保护	支持	支持	支持	—
双主控板，双电源板冗余备份	支持	支持	支持	—

5.5.3　OLT 选型指导

（1）确定 OLT 支持的 PON 技术类型，如需要支持 GPON 还是需要支持 10G GPON。

（2）确定单个 PON 端口下挂 ONU 的数量。PON 端口下接入 ONU 的数量受限于采用的光分路器的分光比（或者光分路器中所接的实际 ONU 数量）。分光比决定了接入 ONU 数量的上限。

（3）确定 PON 端口总数。基于典型场景对应的分光比，将具体的物理点位映射到 PON 端口上，映射表明确了 PON 端口与 ONU 之间的分光关系，可卷积出项目所需要的 PON 端口数量。若采用 Type B 或 Type C 单/双归属配置,PON 端口数量需要加倍。

(4) 确定 PON 业务单板和 OLT 类型。项目所需 PON 端口总数是 PON 业务单板和 OLT 选型的最主要输入,另外,项目中 OLT 采用集中式部署还是分布式部署、安装机柜尺寸、PON 线路保护类型要求也会影响产品配置选型。假设项目需要 30 个 PON 端口,且集中在一个机房内部署,在既有的 19in 机柜内安装,采用 Type B 双归属保护组网,此时,可选择使用 4 块 16 端口 GPON 业务单板分别配置于两台 OLT 中。

5.5.4　OLT 位置部署

OLT 部署分为分布式部署和集中式部署两种,两种部署方式对 OLT 的接入容量要求不同。推荐采用集中式部署,以减少 OLT 的管理节点数量,对于用户而言可以减少维护工作量,实现更便捷的管理。

(1) 分布式部署是指 OLT 分散在园区不同建筑内,实现部分建筑内信息节点的覆盖。

(2) 集中式部署是指 OLT 集中部署在园区核心机房内。

1．集中式部署

OLT 的集中式部署如图 5-26 所示,OLT 和核心交换机一起,都是部署在园区核心机房内,园区其他建筑物内不再放置 OLT 设备,只放置分光器设备,园区核心机房的 OLT 通过光纤连接其他建筑物内的分光器,提供业务接入功能。

OLT 的集中式部署将所有 OLT 都集中部署在一个机房内,避免了需要到各个建筑物内维护 OLT 的麻烦,推荐使用这种方式。

2．分布式部署

OLT 的分布式部署如图 5-27 所示,核心交换机部署在园区核心机房,但是 OLT 部署在每个建筑物的楼宇弱电间内,OLT 的上行接口接到园区核心机房的核心交换机。

这种部署方式,每栋建筑物的楼宇弱电间都部署有 OLT,需要维护人员到每栋楼进行维护,维护工作量大,所以还是推荐采用 OLT 集中式部署。

不同规格 OLT 对安装机柜的规格和空间要求不同。

(1) 电源要求:OLT 有交流和直流两种不同的供电方式,需提前了解并对基础设

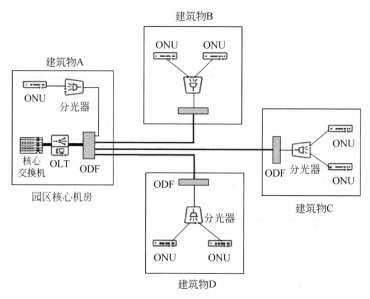

图 5-26　OLT 集中式部署

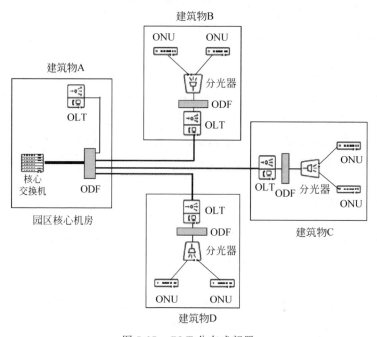

图 5-27　OLT 分布式部署

施建设提出需求。若机房只提供交流供电，而配置的是直流供电 OLT，还需额外配置电源转换器，并考虑其安装空间。

（2）可靠性要求：小型 OLT 可能无法实现双电源、双主控单板 1+1 备份配置，无法支持 Type B 保护或 Type C 保护，需提前了解网络可靠性需求。

（3）上行带宽要求：主控单板自带的上行接口是否满足带宽需求，如果不能满足需求，需要考虑配置以太网接口单板作为上行单板。

（4）可扩展性要求：建议为将来的扩容预留足够的业务端口、单板槽位及转发能力。

（5）线路能力要求：OLT 配置的光模块类型不同，光路损耗范围也不同，需提前了解。不同的光模块支持的光功率预算不同，如表 5-19 所示。OLT 可以配置不同的 PON 光模块，以适应不同的光功率预算需求。

表 5-19　各种光模块的光功率预算参数

光模块类型	光功率预算/dB
GPON Class B+	13～28
GPON Class C+	17～32
GPON Class D	20～35
XGS-PON N1	14～29
XGS-PON N2	16～31
XGS-PON E1	18～33
XGS-PON Combo Class B+	13～28
XGS-PON Combo Class C+	17～32
XGS-PON Combo Class D	20～35

注：XGS-PON Combo 指的是在同一个 PON 端口下，既可以支持 XGS-PON 类型的 ONU，又可以支持 GPON 类型的 ONU。

5.6　业务规划

无源全光园区网络采用 PON 技术，相比传统园区网络，网络的汇聚层及接入层的规划设计略有不同。

5.6.1 业务承载规划

无源全光园区网络在多业务承载方面有优势,可实现多业务一网承载、一纤承载。

如图 5-28 所示,承载的典型业务包括 PC、电话、无线 AP、IP 会议系统、视频监控等,这些通过一根光纤都可以统一承载。实现多业务承载时,需根据需要配置具有不同业务接口的 ONU 设备、语音网关、服务器、无线 AC 等。

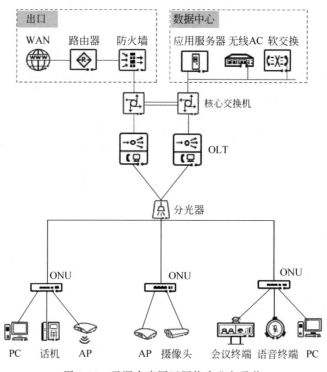

图 5-28 无源全光园区网络多业务承载

5.6.2 带宽规划

如图 5-29 所示,在全光园区网络中,PON 接入端口、OLT 上行端口、核心交换机上行端口及园区出口均是可能的带宽拥塞点。

(1) 对于园区出口的带宽瓶颈点,一方面可通过扩大租用带宽的方法缓解,另一方面,采用分布式计算、分布式组播源等,将跨 Internet/WAN 的流量转移到园区内来解决。

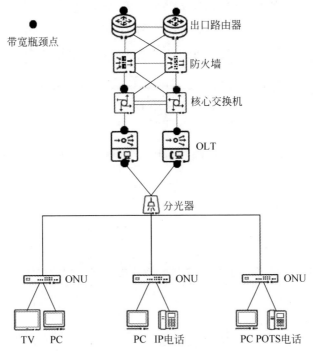

图 5-29　各节点带宽瓶颈点

（2）对于核心交换机的带宽瓶颈点，通过 E-Trunk 方式解决。

（3）对于 OLT 上行端口带宽瓶颈点，OLT 主控单板提供一定数量的 10GE/GE接口，支持链路聚合/负载均衡，若链路聚合后带宽仍不满足需求，可扩展以太网接口业务单板作为上行单板来加大带宽。

（4）对于 PON 接入端口，选择合适的 PON 类型、分光比及业务承载数量，以避免发生拥塞。不同的 PON 技术参数如表 5-20 所示。

表 5-20　各种 PON 技术参数

PON 类型	GPON	XGS-PON
波长范围/nm	• 下行：1480～1500 • 上行：1290～1330	• 下行：1575～1580 • 上行：1260～1280
中心波长/nm	• 下行：1490 • 上行：1310	• 下行：1577 • 上行：1270
最大线路速率/(Gbit/s)	• 下行：2.488 • 上行：1.244	• 下行：9.953 • 上行：9.953

另外,PON 接入端口的选择也要考虑分光比,分光比决定分光器下可直接连接多少 ONU,但带宽分配由 PON 端口下所接的 ONU 数量决定。如图 5-30 所示,若采用 GPON 接入,1∶4 分光器的情况下可按照下面的思路规划并发带宽。

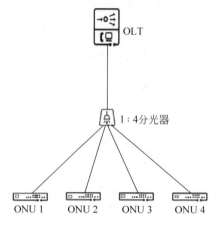

图 5-30 1∶4 分光网络

如果光分路器连接 4 台 ONU 并发,则 GPON 端口下行每 ONU 并发线路速率为约(2.5Gbit/s)/4＝625Mbit/s。

如果光分路器连接 3 台 ONU 并发,则 GPON 端口下行每 ONU 并发线路速率为约(2.5Gbit/s)/3＝833Mbit/s。

5.6.3 VLAN 规划

PON 网络是一个二层转发网络,各类型业务的区分与隔离需要通过 VLAN 来实现,因此,VLAN 规划是规划设计中最关键的规划。

VLAN 规划设计建议遵循如下原则。

(1) 按照不同业务区域划分不同的 VLAN。

(2) 同一业务区域按照具体的业务类型划分不同的 VLAN。

(3) VLAN 编号建议连续分配,以保证 VLAN 资源合理利用。

(4) 建议预留一定数目 VLAN 以方便后续扩展。

VLAN 的规划需基于实际园区业务诉求,简单、易用、易理解是 VLAN 规划的基本原则,总体规划建议如表 5-21 所示。

表 5-21　VLAN 规划建议

规划方式	说明
按照逻辑区域划分 VLAN 范围	例如,核心网络区:100～199,服务器区:200～999,预留 1000～1999,接入网络:2000～3499,业务网络:3500～3999。 例如,使用动态 VLAN 情况下,VLAN 可划分为认证前域 Guest VLAN、隔离域 Restricted VLAN、认证后域 VLAN 三类。实际部署时可以按职能部门分配 VLAN,同时预留 Guest VLAN 和隔离域 VLAN
按照地理区域划分 VLAN 范围	例如,接入网络 A 的地理区域使用 2000～2199,接入网络 B 的地理区域使用 2200～2399
按照人员结构划分 VLAN 范围	例如,接入网络 A 地理区域的 A 部门使用 2000～2009,接入网络 A 地理区域的 B 部门使用 2010～2019
按照业务功能划分 VLAN 范围	例如,Web 服务器区域:200～299,APP 服务器区域:300～399,数据库服务器区域:400～499。 IP 话机、打印机等哑终端使用单独的 VLAN 上线。IP 话机需要为其配置 Voice VLAN,提高语音数据的优先级,保证语音质量。 建议为 AP 规划独立的管理 VLAN

按上述原则完成 VLAN 规划后,还需完成 VLAN 的部署配置。通常推荐采用与传统交换机网络相同的部署方式,即将 ONU 的用户接口按照 VLAN 规划配置为指定的单层 VLAN 即可。

如果用户期望采用更加高级的 VLAN 部署模型,PON 网络也可以灵活支持。比如双层 VLAN 规划,通过双层 VLAN 来区分业务和用户,内层表示具体业务或用户,外层表示业务或楼宇等。这样做的好处是规划灵活,同时扩展了 VLAN 数量,从 4096 个扩展至 4096×4096 个。

5.6.4　IP 地址规划

IP 地址的规划建议遵循如下原则。

(1) 唯一性:一个 IP 网络中不能有两个主机采用相同的 IP 地址。

(2) 连续性:同一业务的节点地址要连续,便于路由规划和汇总。连续的地址便于路由聚合,可以减小路由表的大小,加快路由计算和收敛速率。

(3) 扩展性:地址分配在每一层次上都要留有余量,这样在网络规模扩展时就不需要新增地址段及路由条目。

(4) 易维护:设备地址段、各业务地址段清晰区分,易于后续基于地址段实施统计监控、安全防护等策略。好的 IP 地址规划使每个地址具有实际含义,看到一个地址就可以大致判断出该地址所属的设备。IP 地址的规划可以与 VLAN 的规划对应起来。例如,IP 地址的第三个字节与 VLAN 编号的后三位保持一致,这样可以便于管理员记忆和管理。

(5) 园区内部的 IP 地址建议使用私网 IP 地址,在边缘网络通过 NAT 转换成公网地址后接入公网。园区网中的 DMZ 区或 Internet 互联区有少量设备使用公网 IP。

(6) 原则上服务器、特殊终端设备(打卡机、打印服务器、IP 视频监控设备等)和生产设备建议采用静态 IP 地址。这样管理更简单、问题定位更容易。

(7) 办公用设备建议使用 DHCP 动态获取,如办公用 PC、IP 电话等。这样 IP 地址资源利用率更高、办公更自由,更符合办公场景。

5.6.5　QoS 规划

1. 优先级管理

根据不同的网络层级和业务类型设置不同的优先级管理策略,具体如下。

(1) 接入层:上行方向通过 ONU 在入口处识别业务流并标记对应的不同优先级,下行方向通过优先级标记进行队列调度。

(2) 核心层和汇聚层:按照入口标记的 802.1p 和 DSCP 优先级进行队列调度和拥塞避免。

(3) 出口层:按照入口标记的 802.1p 和 DSCP 优先级进行队列调度、拥塞避免及出口带宽控制。

常见业务优先级策略如表 5-22 所示,可参考进行 QoS 规划。

表 5-22　常见业务优先级策略

业务分类	业 务 说 明	DSCP	802.1p
网络控制	网络控制平面业务,如 OSPF、BGP、VRRP、EIGRP 等	48	6
语音业务	VoIP 业务,包括 G.711、G.729 等语音流	46	5
广播视频	广播电视和视频监控业务,特点是丢包敏感,不具备重新发送和流控能力	40	5
桌面会议	桌面多媒体协同应用软件,包括语音和视频的应用,如华为 eSpace 即时通信应用	32、36、38	4
交互视频	室内部署的交互视频应用,具有语音和视频能力,如视频会议、高清视频等	32	4

续表

业务分类	业务说明	DSCP	802.1p
视频点播	VoD 视频点播业务,这类业务允许一定的时延,丢包能够重传,比广播和实时媒体业务更具弹性	26、28、30	3
呼叫信令	IP 语音和视频业务信令流,如 SIP、H323 等	24	3
事务处理	交互式的重要数据业务,如即时消息、数据库查询	18、20、22	2
网络管理	网络维护和管理业务	16	2
Bulk 数据	指非交互式"背景"业务,其特点是不需要等待业务响应,不会影响工作效率,如 Email、FTP、文件共享等业务	10、12、14	1

2. DBA 规划

DBA(Dynamic Bandwidth Assignment)规划相对较为复杂,在实际园区网络中,推荐采用简单的 DBA 规划,即采用 Type3 混合带宽,既可使高优先级业务的带宽得到保证,又可在网络空闲时尽可能共享到更多的带宽。

如果用户希望有灵活的上行带宽控制,也可给不同的业务配置不同的 DBA 类型。

T-CONT(Transmission Container)是 GPON 上行方向承载业务的载体,所有的 GEM Port 都要映射到 T-CONT 中,由 OLT 通过 DBA 调度的方式上行。

T-CONT 包括五种不同的类型,可根据不同类型的业务选择不同类型的 T-CONT,如表 5-23 所示。

表 5-23　带宽与 T-CONT 类型配套表

带宽分类	T-CONT 类型				
	Type1	Type2	Type3	Type4	Type5
Fixed BW(固定带宽)	X	—	—	—	—
Assured BW(保证带宽)	—	Y	Y	—	—
Maximum BW(最大带宽)	$Z=X$	$Z=Y$	$Z>Y$	Z	$Z\geqslant X+Y$

注:表中的 X 表示固定带宽值、Y 表示保证带宽值、Z 表示最大带宽值,—表示不涉及。

T-CONT 类型说明如下。

(1) Type1:固定带宽是完全预留给特定 ONU 或 ONU 的特定业务,即使在 ONU 没有上行业务流的情况下,这部分带宽也不能为其他 ONU 使用。固定带宽主要用于对业务质量非常敏感的业务,如 TDM、VoIP 等。

(2) Type2:保证带宽就是保证在 ONU 需要使用带宽时可获得的带宽。当 ONU

的实际业务流量未达到保证带宽时,设备的 DBA 机制应能够将其剩余带宽分配给其他 ONU 的业务。由于需要 DBA 机制控制分配,所以它的实时性比固定带宽要差一些。

(3) Type3:为保证带宽＋最大带宽的组合类型,在保证用户有一定带宽的同时,还允许用户有一定带宽的抢占,但总和不会超过用户配置的最大带宽。此带宽类型主要应用于 VoIP 业务。

(4) Type4:最大带宽是在 ONU 使用带宽时可获得的带宽上限值,最大限度地满足 ONU 使用的带宽资源。此类型常用于 IPTV、高速上网等业务。

(5) Type5:为固定带宽＋保证带宽＋最大带宽的组合类型,既给用户预留其他用户不能抢占的固定带宽资源,又确保在需要使用带宽时可获得的保证带宽,同时允许用户有一定带宽的抢占,但总和不会超过用户配置的最大带宽。

5.6.6　可靠性规划

无源全光园区网络的可靠性规划可总结为 3 种主流参考模型,实际项目中可根据业务需要规划相应的模型。

1. Type B 单归属保护

如图 5-31 所示,当 OLT 设备 PON 端口或主干光纤发生故障时,可以自动切换到 OLT 设备另外一个 PON 端口或主干光纤。

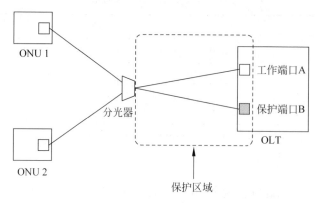

图 5-31　PON Type B 单归属保护

PON Type B 单归属保护的优点、缺点以及建议使用场景如表 5-24 所示。

表 5-24　PON Type B 单归属保护使用场景

优　点	缺　点	使用场景
• 主干光纤和 OLT 设备 PON 接入端口 1+1 备份保护 • 组网简单	• 分支光纤没有得到保护，OLT 设备没有保护 • 分支光纤和 OLT 设备故障会导致业务中断	Type B 单归属保护只有一台 OLT 设备，适用于可靠性要求较低的场景

2. Type B 双归属保护

如图 5-32 所示，当 OLT 设备、OLT 设备 PON 端口或主干光纤发生故障时，可以自动切换到另外一个 OLT 设备、OLT PON 端口或主干光纤。

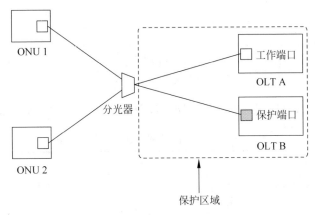

图 5-32　PON Type B 双归属保护

PON Type B 双归属保护的优点、缺点以及建议使用场景如表 5-25 所示。

表 5-25　PON Type B 双归属保护使用场景

优　点	缺　点	使用场景
• 主干光纤、OLT 设备、OLT 设备 PON 接入端口和 OLT 设备上行端口实现 1+1 备份保护 • 两根主干光纤连接到两台 OLT 设备，可以实现异地容灾	分支光纤没有得到保护，分支光纤故障会导致业务中断	Type B 双归属保护有两台 OLT 可以互为保护，满足大多数园区可靠性需求

3. Type C 双归属保护

如图 5-33 所示，PON Type C 双归属保护组网场景中，ONU 的两个 PON 端口

（工作端口和保护端口）与两台 OLT 上的两个 PON 端口之间的两条 PON 线路处于主备状态,A 链路为主用链路,B 链路为备用链路,不能同时转发报文。

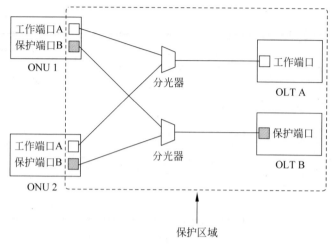

图 5-33　PON Type C 双归属保护

PON Type C 双归属保护的优点、缺点以及建议使用场景如表 5-26 所示。

表 5-26　**PON Type C 双归属保护使用场景**

优　　点	缺　　点	使 用 场 景
保护全面,ONU 设备 PON 上行端口、主干光纤、分支光纤、分光器、OLT 设备 PON 接入端口、OLT 设备及上行端口都实现备份保护	成本相对较高	主要针对一些非常关键的业务或者用户提供完善的保护,例如某些交通场景、医疗场景等

5.6.7　安全规划

在无源全光园区网络中,同样要对接入网络的设备和用户进行认证和授权,目前常用的有三种方式：802.1x 认证、Portal 认证、MAC 认证,如表 5-27 所示,可根据设备类型选择相应的认证方式。

表 5-27　**常用认证方式**

认 证 方 式	适 用 场 景
802.1x 认证	对于可以安装 802.1x 客户端的设备需要接入到园区网络时,可以通过 802.1x 进行认证和授权

认 证 方 式	适 用 场 景
Portal 认证	适用于无法安装 802.1x 客户端,可以安装浏览器打开 Web 认证页面,多用于访问园区公共资源的认证和授权
MAC 认证	即 MAC 地址认证,多用于哑终端的认证,包括传真机、打印机等

5.6.8　设备名称规划

设备名称有助于快速查找、定位设备,因此,在规划设计阶段需明确设备命名规则,并在详细设计阶段确定各设备命名。

若客户没有指定命名规则,可参考以下建议进行设备命名。

(1) OLT 设备:可按"OLT 设备+园区名称+建筑名称+楼层房间+设备编号(如_A、_B 或_1、_2,以区分同一机房的两台以上设备)+设备类型"命名。

(2) ONU 设备:可按"ONU+园区简称+建筑名称+楼层房间+设备编号(如 01/02)+设备类型(如 P613E)+设备服务类型(如 INT/EXT,以区分设备服务于内网还是外网)"命名。

(3) 网管:可按"NMS+园区简称+建筑名称+楼层房间+设备类型(如 P613E)+设备编码(如 01、02)"命名。

(4) 光分路器:可按"SPL+园区简称+建筑名称+楼层房间+设备编号(如 01/02)+设备类型(如 1∶8 光分路器代号为 A,1∶16 光分路器代号为 B)"命名。

第 6 章

无源全光园区网络验收指导

6.1 综合布线验收

综合布线验收包括线路布放、设备安装、管理系统验收等多个方面,应遵从《综合布线系统工程验收规范》(GB/T 50312—2016)及《无源光局域网工程技术标准》(T/CECA 20002—2019)。

隐蔽工程应随工检验,对质量合格的隐蔽工程应有监理或随工代表签字确认,隐蔽工程不合格,不能进行下一环节。

工程的质量评判应符合下列规定。

(1)工程质量评判指标应满足设计文件要求以及相关标准规范的要求。

(2)OLT、ONU 设备的安装应符合现行国家规范和行业标准的有关规定。

(3)通信管道的管孔试通、封堵应符合现行国家标准 GB/T 50374 的有关规定。

(4)暗管、桥架等建筑物内配线管网的位置及大小应符合现行国家标准 GB/T 50312 的有关规定。

(5)建筑物外通信光缆的敷设安装及成端接续测试验收应符合现行国家标准 GB 51171 的有关规定。

(6)建筑物内缆线布放应符合现行国家标准 GB/T 50312 的有关规定。

(7)工程系统性能测试应符合现行国家标准 GB/T 21671、GB/T 50312 及现行行业标准 YD 5207 的有关规定。

(8)验收提出抽检要求时,POL 网络系统、布线系统应按 10% 的比例抽查和测试,满足评判指标要求时,被检项检查结果为合格,被检项的合格率为 100% 时,此验收项应判定为合格。

(9)OLT 至配线箱之间的光纤线路应全部检测,测试方法宜采用插入损耗法,衰减指标值应符合设计要求。

（10）工程检验项目全部合格时，工程质量判定为合格。

6.2　光路验收

光路验收光信道衰减检测要求如下。

（1）工程中光纤信道需要对端到端的全程光信道损耗全部进行测试，并满足设计要求。

（2）OLT 发送光功率验收：测量 OLT 的发送光功率参数，对比光模块能力，看发送光功率是否在正常范围，OLT 的发送光功率可以通过命令行查询，也可以通过网管查询，还可以通过仪器测量。

（3）ONU 接收光功率验收：测量 ONU 的接收光功率也叫接收灵敏度，检查接收光功率是否在 ONU 的 PON 端口接收光功率范围内，如果接收光功率不在 ONU 的灵敏度范围内，ONU 将无法收到光信号，需要调整光信号的强度。验收前需明确系统采用的光模块模式。

（4）ODN 的光信道衰减测试结果应满足表 6-1 的光功率预算要求。

表 6-1　各种光模块的光功率预算参数

光模块类型	光功率预算/dB
GPON Class B+	13～28
GPON Class C+	17～32
GPON Class D	20～35
XGS-PON N1	14～29
XGS-PON N2	16～31
XGS-PON E1	18～33
XGS-PON Combo Class B+	13～28
XGS-PON Combo Class C+	17～32
XGS-PON Combo Class D	20～35

6.3 可靠性验收

可靠性验收主要验收设备电源系统、主控单板主备倒换以及 OLT 等设备双机备份对业务倒换的支持情况。

以 Type B 双归属保护验收为例,主要检查对端节点状态、保护组状态。对于各保护组,在两个 OLT 上,保护组状态一个是主用状态、一个是备用状态,保护组握手状态应该是正常状态,主用保护组查询到的"保护组备用成员状态"必须是就绪状态。

如图 6-1 所示,可通过关闭一个 PON 端口进行 Type B 双归属保护组倒换验证,正常情况下,Type B 双归属保护组倒换,实际运行的业务平滑切换后无感知。

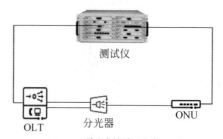

(a) Type B 单归属保护测试组网图

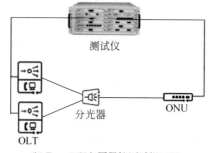

(b) Type B 双归属保护测试组网图

图 6-1 Type B 保护测试组网

(1) Type B 单归属保护链路保护检测时,将主干光纤断开(包括拔掉光纤、拔出单板等操作),业务中断时间小于 50ms。

(2) Type B 双归属保护链路保护检测时,将主干光纤断开(包括拔掉光纤、拔出单板等操作),业务中断时间小于 1s。

6.4　业务验收

———

网络承载的各项业务不但要满足基本的连通性,其运行质量也应满足设计要求,典型业务如下。

(1) Internet 业务,通过测速软件进行测速,验收结果为测试下载速率达标。

(2) 通过拨打电话进行接听,语音业务测试结果为语音清晰度高。

(3) WLAN 业务符合漫游设计要求。

(4) IPTV 业务画面清晰,无花屏、黑屏等现象。

业务验收应涵盖所有业务类型,信息节点的验收至少满足 10% 的抽样率,具体验收数量应通过与客户协商确定。

6.5　设备性能验收

———

无源全光园区的设备功能和性能检测应包括上下行吞吐量、上下行时延、丢包率等的检测,相应的测试组网图如图 6-2 所示。

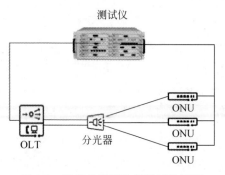

图 6-2　设备功能和性能测试组网图

例如 PON 的吞吐量测试,OLT 采用一个或者多个 10GE 接口(测试 10G GPON 需要多个 10GE 接口)接到测试仪,OLT 的 PON 端口通过分光器接到 ONU,ONU 再通过多个 GE 或者 10GE 接口接到测试仪。测试仪通过检测发送的报文和接收到的报文情况来进行测试。

GPON 端口的吞吐量检测结果要求如下。

(1) GPON 的下行吞吐量不小于 2.2Gbit/s(64~1518 字节内的任意包长)。

(2) GPON 的上行吞吐量不小于 1Gbit/s(64~1518 字节内的任意包长)。

XGS-PON 的吞吐量检测结果要求如下。

(1) XGS-PON 的下行吞吐量不小于 8.3Gbit/s(64~1518 字节内的任意包长)。

(2) XGS-PON 的上行吞吐量不小于 8Gbit/s(64~1518 字节内的任意包长,1∶32 分光比下,仅接入 XGS-PON ONU)。

GPON/XGS-PON 的传输时延检测结果要求如下。

(1) GPON/XGS-PON 下行方向(从 SNI 接口到 UNI 接口)的传输时延小于 1ms (业务流量不超过 PON 系统吞吐量的 90%情况下,64~1518 字节内的任意包长)。

(2) GPON/XGS-PON 上行方向(从 UNI 接口到 SNI 接口)的传输时延小于 1.5ms(业务流量不超过 PON 系统吞吐量的 90%情况下,64~1518 字节内的任意包长)。

GPON 的丢包率的检测结果要求业务长时间工作可靠性正常。采用测试仪进行上下行方向同时发业务流,业务流量为吞吐量的 80%,持续打流 8 小时确保零丢包。

6.6 设备管理验收

设备状态验收项目如下。

(1) ONU 设备:主要关注 ONU 上线数量、型号是否与规划一致,ONU 的配置、运行状态是否正常。

(2) OLT 设备:主要关注设备上电状态、单板运行状态、端口状态。

设备管理验收应包括网管的拓扑管理、配置管理、性能管理、故障管理、安全管理等,具体检查项目应遵循合同或设计要求。

ONU 系统的基本运维能力验收项目如下。

（1）在网管或者 OLT 上查看 ONU 的基本信息，包括 ONU 的型号、软件版本号、厂商 ID、能力集/LAN 口的状态和协商速率等均应正确。

（2）支持对 ONU 进行远程激活、去激活、远程重启，功能均正常。

（3）检测 ONU 掉电时，可以在 OLT 或者网管上查看到掉电告警，ONU 上电后告警自动清除。

验证 OLT 系统的基本运维能力：OLT 设备上电状态、单板运行状态、端口状态查询正常。

6.7　竣工文档清单

竣工资料需要内容真实全面、数据正确完整、图纸规范清晰、签字手续完备，可参考下面清单根据工程实际情况制定竣工文档清单。

1．工程准备阶段资料

（1）立项文件。

（2）设计文件。

（3）招投标及合同文件。

（4）开工审批文件。

（5）工程概预算等财务文件。

（6）建设、施工、监理单位机构设置、资质及人员任命文件等。

2．监理文件资料

（1）监理规划及实施细则。

（2）工程质量、进度、安全、造价控制文件。

（3）监理定期报告及专题报告等。

3．施工文件资料

（1）工程说明。

（2）建筑安装工程量总表。

（3）设备、器材明细表。

（4）开工/完工报告。

（5）工程变更申请报告。

（6）停工/复工报告。

（7）重大工程质量事故报告。

（8）隐蔽工程检验签证。

（9）竣工测试报告。

（10）试运行报告。

（11）洽商记录。

（12）工程决算资料。

（13）交接书。交接书中应包含项目 HLD（High Level Design，高阶设计）、LLD（Low Level Design，低阶设计）、设备调试配置文件、项目及客户联系人、项目交付人员、遗留问题跟踪表等。

4．竣工资料

竣工资料包括项目建设工程全套纸质竣工图及相应的 CAD 电子文件。性能测试的各项测试结果应有详细记录，测试记录应作为竣工文档资料的一部分。

第 7 章

无源全光园区网络运维管理

7.1 网络基础运维

华为无源全光园区网络网管软件应对其纳管的设备提供全面的基础网络管理,可满足客户网络基础的运维需求,主要功能如表 7-1 所示。

表 7-1 基础网络运维功能

基础运维功能	功 能 简 介
基础业务监控	• 支持 OLT 设备、ONU 设备等终端多维度的基础状态监控(如设备在线率、设备 CPU、内存状态等) • 支持监控 PON 端口状态及 PON 端口下 ONU 接入数量 • 支持监控以太端口状态 • 支持高清设备面板监控
告警管理	• 支持全网告警和事件监控 • 支持告警级别设置,告警事件确认、清除,告警规则定制等告警管理功能
设备软件管理	• 支持 OLT 设备版本升级 • 支持 ONU 设备版本升级
拓扑管理	• 支持链路自动还原 • 支持链路状态监控
日志管理	支持查询和展示操作日志、安全日志、系统日志

7.2 网络智能化管理

华为无源全光园区网络网管软件可满足日常基础网络运维需求,但面对日益复杂的网络以及逐步庞大的网络规模,基础的网络运维能力往往无法满足客户的智能化诉求。主要体现在如下方面。

（1）日常运维时往往需要查询各种网络流量、设备状态等数据，需要导出表格进行处理，耗时耗力。

（2）基础网络运维仅操作单一设备，但有可能某些操作需要对整个网络进行调整。比如开局时需要对多台设备逐一进行手工配置，这样做容易出错且效率低下，而且PON设备往往需要运维人员具备一定的PON技术。

（3）基础网络运维往往只能通过告警通知用户网络发生了问题，但无法有效界定出问题发生的具体位置，且更换设备后还需要重新进行配置。

华为智能网络运维网管软件，通过分析网络运维人员的日常工作和PON网络的常见运维场景，通过智能化、场景化、简洁化等手段，将运维人员从繁杂的运维工作中解放出来，使得园区网络可视化、自动化和智能化，实现一人一园区。智能网络运维主要功能如表7-2所示。

表 7-2　智能网络运维主要功能

分类	功　　能	功　能　说　明
开局	ONU 即插即用	• 针对 PON 技术了解较少用户支持点餐式配置，支持上网业务、语音业务、IPTV 业务、无线业务以及 802.1x 认证等业务 • 同时面向专业用户，支持不同端口不同 VLAN、二层隔离、PoE 供电等多种高级配置，满足部署期间 ONU 即插即用，上电即走，极大减轻了用户的部署难度和时长
	一体化拓扑	实现网络端到端拓扑节点与链路的还原与监控，拓扑上可随时调整业务
日常运维	自动化报表	网管提供网络资源以及网络性能等各种自动化报表，可直接生成报表文件，并采用邮件方式自动通知给客户，包括如下信息。 • OLT 设备下 ONU 在线统计 • PON 端口使用情况 • ONU 存量信息 • OLT 健康度 • ONU 健康度 • ONU 带宽统计 • ONU 光功率统计
	单板即插即用	单板插入 OLT 机框后，不需要登录到 OLT 进行确认操作，单板会自动确认上线，即插即用
	别名批量配置	通过 Excel 文件根据 SN 批量导入别名
	Wi-Fi 批量配置	通过 Excel 文件根据 SN 批量规划 Wi-Fi 配置，支持批量规划所有 ONU 的 SSID、认证方式、频段、VLAN、信道、功率等数据

续表

分类	功　能	功　能　说　明
日常运维	自定义大屏	通过大屏配置园区整个网络监控,随时关注园区网络状态,支持随时关注园区 PON 端口与以太端口的带宽占用情况,可根据实际情况自定义拖曳组件进行配置,并支持多个屏幕进行轮播
故障处理	故障可视化	通过收集设备的故障信息,以及分析故障发生的位置,在拓扑上可直接观测到设备异常、光纤异常等故障
	ONU 即换即通	故障 ONU 设备更换下来后,接入新 ONU 设备时,不需要重新配置业务,网管会重新自动下发配置,确保业务直接继承

7.3　网络数字化管理

无源全光园区网络运维的重点是 ODN 网络的运维,但是由于 ODN 网络是无源的,所以传统 ODN 网络运维存在以下挑战。

(1) ODN 网络需要手工规划设计,效率低,存在出错的风险。

(2) 传统 ODN 需要熔接,对施工人员的技能要求高,而且施工过程中串行操作,施工进度较慢。

(3) ODN 网络属于哑资源,ODN 资源不可见,导致资源管理不准确,给信息获取和故障定位等维护环节带来一定的困难。

华为推出的 DQ ODN 解决方案提供一站式服务,通过 ODN 网络的数字化管理,实现 ODN 网络可视、可管、可维。

1. 即插即用预连接 ODN

华为预连接 ODN 方案能有效解决 ODN 部署困难的问题,极大地提高了效率,预连接 ODN 组网如图 7-1 所示。预连接是指在工厂提前预制连接头,将连接头提前固定在光纤上,现场即插即用免熔接,大大简化光纤的部署难度,提高部署的效率。

2. ODN 资源可视化管理

采用图像识别技术＋APP 进行资源的精准管理,实现 ODN 资源的可视、可管,包括 GIS(Geographic Information System,地理信息系统)信息、路由信息、资源占用率、。

第 8 章

无源全光园区网络应用实践

8.1　全光校园园区网络

8.1.1　挑战与诉求

1. 校园网络面临的挑战

校园存在办公、管理、一卡通、科研等多个专网,需独立建设,网络总体建设成本高。接入终端及业务多样化,且各专网建网标准不一致,导致维护难度大。

校园视频业务广泛应用、业务云化,对带宽和时延、网络可用性要求更高,且应用和业务激增带来的部署、策略复杂性给校园网络带来了极大的挑战。

校园网络场景多样、海量终端、运维难度增大,且无法随时随地感知用户体验,成为网络运维最大的挑战。

2. 校园网络的诉求

教育已经向云化、数字化转型,面对校园业务爆发式增长趋势,校园网络需要满足以下诉求。

(1) 全场景多业务接入,满足教室、办公、宿舍公寓、平安校园视频监控以及校园Wi-Fi覆盖等多种业务场景。

(2) 安全可靠,校园网络既要有入侵防御、防病毒等网络安全措施,也要确保网络的可靠性,保证云课堂、远程课堂、科研等有良好的教学体验。

(3) 易演进、易运维,校园网络要具备面向未来的动态持续演进能力,另外需要降低运维难度,减少运维人员。

8.1.2 全光校园园区解决方案

如图 8-1 所示,华为全光校园园区解决方案通过一个光纤网络实现多场景和多业务的统一承载,无源的 ODN 网络提供更高的可靠性,支持弹性扩容和灵活演进。

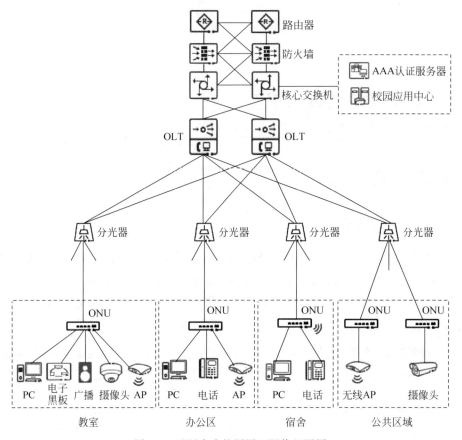

图 8-1 无源全光校园园区网络组网图

校园网络出口采用路由器,路由器具备较强的路由能力,可从容应对大规模高校场景的南北向流量路由转发。

校园网络出口部署防火墙,防火墙采用双机热备份,实现负载分担,提供防火墙、VPN、入侵防御、防病毒、数据防泄漏等多种安全功能,确保网络安全。

核心层交换机提供高性能的交换服务,两台核心交换机通过集群实现大数据量转发和网络高可靠性。PON 网络采用 Type B 双归属组网保护,提高网络可靠性。

接入层和汇聚层设备均配置端口隔离,所有流量均上送到核心交换机再转发。如果,网络中横向流量较大,可在汇聚层 OLT 和接入层 ONU 开启 VLAN 内二层互通功能。

汇聚与接入层使用 OLT＋ONU 方式,实现上网、视频监控、语音、多媒体教学等多种业务统一接入,覆盖学生宿舍、教室、办公区、图书馆、礼堂等多种场景。

8.1.3　智慧教室

1. 智慧教室需求

教室接入终端类型多样,业务需求复杂,随着云教学、远程教育的不断兴起,教室网络需要向多功能、智慧化转变。

教室根据功能分为普通教室、功能教室和计算机教室,各类型教室的业务需求如表 8-1 所示,可参考规划。

表 8-1　教室业务需求

教室类型	电子班牌/个	PC/台	摄像头/个	AP/台	电话/部	IP广播/套	教学一体机/台	门禁/套
普通教室	1	—	1	1	1	1	1	1
功能教室	—	—	1	1	1	1	1	1
计算机教室	1	60	1	1	1	1	1	1

教室的带宽需求根据业务类型而定,各类型业务对带宽的需求如表 8-2 所示。

表 8-2　教室带宽需求

业务类型	每教室数量/个	上行带宽/(Mbit/s)	下行带宽/(Mbit/s)	上行并发总带宽/(Mbit/s)	下行并发总带宽/(Mbit/s)
视频监控	1	8	1	8	1
录播系统	2	10	10	20	20
电子班牌	1	13	1	13	1
多媒体控制系统	1	1	1	1	1
IP广播	1	1	1	1	1
门禁	1	1	1	1	1
一体机	1	1	10	1	10
教学平板	60	1	3	60	180
总计				105	215

（1）视频监控系统主要占用上行带宽，参考政府雪亮工程视频监控标准，每台摄像机上行带宽以 8Mbit/s 带宽计算。

（2）录播系统根据业务需求涉及上行/下行带宽，根据厂家提供业内通用标准以上行/下行各 10Mbit/s 带宽计算。

（3）电子班牌（含人脸识别）主要占用上行带宽，参考政府雪亮工程人脸识别标准，上行带宽以 13Mbit/s 计算。

（4）多媒体控制系统、IP 广播、门禁等对带宽要求较小，以上行/下行 1Mbit/s 计算。

（5）一体机主要占用下行带宽，根据行业经验值以下行 10Mbit/s 带宽计算。

（6）教学平板主要占用下行带宽，根据行业经验值（一般为每台 2Mbit/s），按 3Mbit/s 下行带宽可以满足教学需求。

2. 智慧教室解决方案

如图 8-2 所示，在智慧教室场景，采用光纤到教室组网方案，一根光纤承载教室所

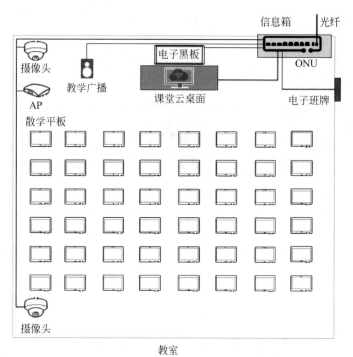

图 8-2　全光校园园区网络教室组网图

有业务,包括电子班牌、电子黑板、课堂云桌面、教学广播、教室视频监控摄像头以及无线 AP 接入。

核心层设备与其他场景共用,无源分光器一般位于弱电间。

教室场景终端接入需求多,可以选择使用带有 8 个、16 个或者 24 个以太网接口且支持 PoE 的 ONU,推荐使用 XGS-PON 上行方式,ONU 可以安装在教室信息箱内。

无线 AP、摄像头采用吸顶安装方式,通过 ONU 的以太网接口接入并通过 PoE 方式供电。

8.1.4　现代化宿舍

如图 8-3 所示,在宿舍场景,采用光纤到宿舍方案,一根光纤就可以提供有线网络和无线网络承载以太网接入业务、话机业务、门禁等。

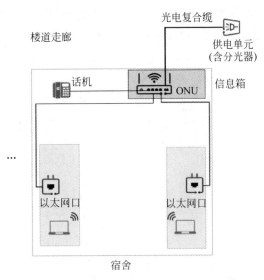

图 8-3　全光校园园区网络宿舍组网图

宿舍场景需要覆盖有线和无线两种网络,ONU 类型可以选择支持 Wi-Fi 6、4 个以太网口和 1 个 POTS 接口的类型,推荐使用 XGS-PON 上行方式,通过 Wi-Fi 6 提供宿舍无线覆盖,通过以太网口提供有线上网业务,通过 POTS 接口提供宿舍电话业务。

ONU 可以安装在宿舍信息箱内,通过光电复合缆实现 ONU 的远程供电和信号传输,确保宿舍用电安全。

8.1.5 办公区

校园园区办公区包括开放办公区和独立办公室。

1. 开放办公区

开放办公区一般面积比较大,内部由多个办公位组成,一个区域可覆盖几个到十几个办公位,所涉及的业务包括无线 AP、PC/桌面云终端、IP 话机或模拟话机等。

对于开放办公区场景,核心层设备与其他场景共用,无源 ODN 一般采用一级分光方式,分光器位于弱电间内。

在开放办公区,ONU 的选择比较灵活。根据办公位组合以及各办公位所需的业务不同,可以选用 4 接口 ONU、8 接口 ONU,也可以选择 24 接口 ONU。

如图 8-4 所示,一般新建场景会选用 4 接口或 8 接口 ONU,一台 ONU 覆盖 4 个办公位,此时 ONU 安装在其中一个办公位下方的信息箱内。

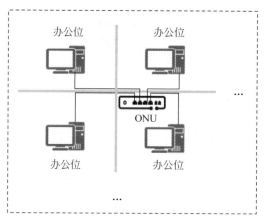

图 8-4 全光校园园区开放办公区组网图

2. 独立办公室

独立办公室一般为独立的房间,包括计算机、话机、视频会议终端等。

如图 8-5 所示,独立办公室可以采用光纤到桌面方案,光纤直接布放到办公桌下面,ONU 可以安装在办公桌下方或者办公室内的信息箱中。

ONU 可以选择支持以太网接口、话机接口的 ONU,通过以太网接口连接无线 AP 提供 Wi-Fi 覆盖,也可以选择带 Wi-Fi 功能的 ONU 直接提供 Wi-Fi 覆盖。

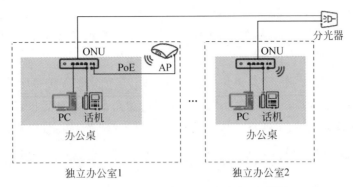

图 8-5　全光校园园区独立办公室组网图

8.1.6　平安校园

平安校园视频监控包括校园室内和室外安防网络的建设,如图 8-6 所示,平安校园采用光纤到摄像头方案,为摄像头视频回传提供高速回传网络。

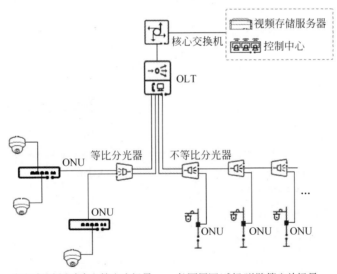

图 8-6　全光校园园区网络平安校园视频监控组网图

对于平安校园场景,核心层设备与其他场景共用。

针对视频监控回传网络的安全可靠性要求,可以使用 Type B 组网保护方式,确保网络可靠性。通过 MAC 地址绑定、802.1x 认证等措施,确保网络安全。

视频监控回传网络中高清摄像头需要大带宽支持,可选择 XGS-PON ONU 提供上行/下行 10Gbit/s 的带宽。

室外视频监控范围广、摄像头距离远,可采用不等比分光方式实现链状组网,ONU 选择室外一体化设备,满足室外环境要求。

室内视频监控范围小,但摄像头密度大,可采用等比分光方式实现星状组网,可根据接入摄像头数量选择相应接口的 ONU,建议增加余量满足日后扩容需要。比如针对 2 个摄像头接入场景,可选择 4 接口的 ONU,多余的 2 个接口供以后扩容。

摄像头安装点位如果市电取电困难,可以考虑通过 ONU 进行 PoE 远程供电。

8.1.7　无线校园

无线校园包括校园室内 Wi-Fi 和室外 Wi-Fi 网络的建设,如图 8-7 所示,全光校园园区网络针对无线校园不同场景提供不同的组网方案。

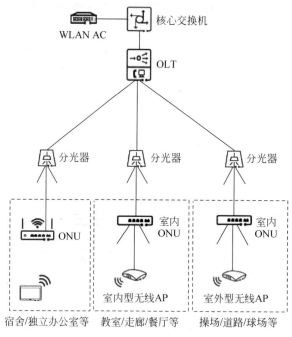

图 8-7　全光校园园区网络无线校园 Wi-Fi 组网图

对于无线校园场景,核心层设备与其他场景共用。

针对宿舍、独立办公室等覆盖范围较小的场景,可以选择带 Wi-Fi 功能的 ONU 进行覆盖。

针对教室、餐厅、礼堂、操场等覆盖范围较广的场景,可通过 ONU 连接无线 AP 来进行 Wi-Fi 覆盖。

组网规划有以下两种场景需要考虑。

(1) 对于信息点位比较密集的场景,如餐厅、礼堂等,推荐 ODN 采用等比分光,分光比根据所承载业务类型的不同可以选用 1∶8～1∶32,需要组网保护时,可以选择 2∶N 的分光器。ONU 选型可以为 4 接口或 8 接口 ONU,一般需要支持 PoE,安装在不同位置的信息箱中。

(2) 对于信息点位稀疏且呈链形的场景,如操场、道路等,推荐采用预连接 ODN 建设,内部包含 1∶2 不等比分光器,可以大幅节省主干光缆。ONU 可以采用独立 ONU+室外信息箱或者一体化室外 ONU,一般挂墙或抱杆安装。独立 ONU 可以使用 4 接口 ONU 或 SFP ONU。

8.2　全光企业园区网络

8.2.1　挑战与诉求

随着信息化的发展,IT 基础设施对于企业园区来说越来越重要。企业园区网络是企业园区 IT 基础设施的骨干,其承载的业务以办公网络为主,同时包含园区安防、视频监控、停车管理、门禁管理、照明控制等。其中,企业园区办公网络经历了纸质办公、半电子化到信息化的发展历程,办公方式也由固定办公向移动办公发展。

传统企业园区网络采用基于以太网交换机的架构,在几十年的发展过程中发挥了无可替代的作用。但随着信息技术的发展,越来越多的新应用(如 AR、VR、远程办公等)不断涌现,这些新应用都需要网络支持大带宽、低时延、高并发等能力,传统网络开始面临诸多挑战。

(1) 传统网络方案的汇聚和接入层,由于设备数量较多且都安装在机柜中,故需要大量的弱电机房来安装这些设备,同时,由于设备有源,工作时会发热,因此需要增加制冷设备,这进一步增加了电量的消耗。

(2) 传统网络在接入侧使用的传输介质主要是以太网线,如图 8-8 所示,以太网线传输距离有限,传输速率依赖于网线规格,带宽升级时需要更换网线,网络升级改造成本高、施工周期长。

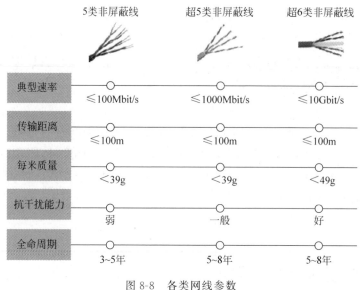

图 8-8　各类网线参数

8.2.2　全光企业园区解决方案

全光企业园区解决方案的出现使得传统企业园区办公网络面临的问题迎刃而解。本质上讲全光企业园区就是光进铜退,当前阶段采用光纤到桌面方式把原来几十米到100 米的网线缩短到 10 米以内,未来光纤会继续下沉,直到铜线完全去除。

全光企业园区网络以光纤为传输介质,基于 PON 技术和 ODN 无源光网络来承载业务,业界普遍认为该方案是未来园区网络的主流方案。如图 8-9 所示,全光企业园区网络一般分为两个网络层次:核心层和接入层。

(1) 核心层包含网管、核心交换机、OLT、无线 AC 及各种应用的头端系统。

(2) 接入层主要包含 ONU,用来接入各种有线和无线终端,主要包括台式机、打印机、门禁系统、视频监控、电话、停车支付系统等有线接入终端及笔记本计算机、手机、平板计算机等无线接入终端。

(3) 核心层 OLT 和接入层 ONU 通过无源 ODN 连接。

企业园区采用无源全光园区网络的优势如下。

(1) 架构简单。全光园区网络采用二层极简网络架构,由于采用无源 ODN 替换传统方案中的有源汇聚和接入交换机,故可以节省 80% 的弱电机房空间和布线空

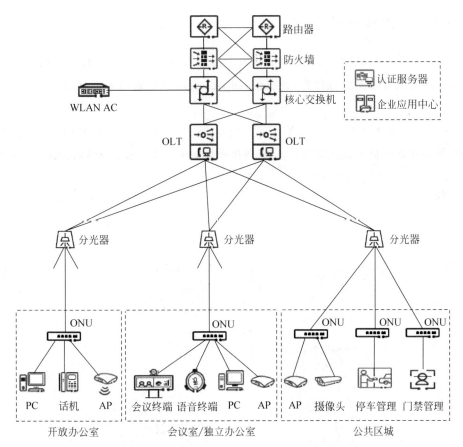

图 8-9 全光企业园区网络组网图

间。同时,由于汇聚和接入机房不再需要高功率制冷设备,因此可以节省大约 30% 能耗。

（2）平滑演进。全光园区网络采用光纤作为主要传输介质,光纤传输带宽大、使用寿命长,未来带宽升级时,光纤基础设施可以完全利旧,只需要升级两侧有源设备即可。可以大幅降低升级成本,提高网络升级效率。

（3）智能运维。全光园区网络以 PON 技术为核心。在 PON 协议下,光终端 ONU 不是独立网元,而是类似于 OLT 设备 PON 端口的拉远,因此 OLT 对所有光终端 ONU 进行集中管理。光终端 ONU 支持即插即用、集中管理、批量升级和远程定位等功能,极大地提高了运维效率。同时,整个园区网络采用同一套网络管理系统统一管理,可以实现"一人一园区"的高效运维方式。

8.2.3　会议室和独立办公室

企业园区中会议室和独立办公室这两个场景的网络需求较为类似,应用场景也类似,需要承载的业务主要包括视频会议终端、无线 AP、PC 或桌面云终端、IP 话机或模拟话机等。

在会议室和独立办公室这两个应用场景中,核心层设备与其他场景共用,无源 ODN 可采用熔接型或预连接型。采用熔接型时,分光器一般位于弱电间。采用预连接型时,分光器可以分布在楼层内,采用挂墙安装方式。

如图 8-10 所示,在会议室内,可以使用带有 8 接口且支持 PoE 的 ONU,推荐使用 XGS-PON 上行方式,ONU 一般安装在会议桌的弱电槽内或会议室的信息箱内。

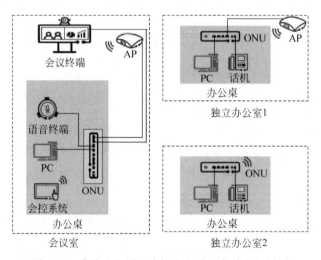

图 8-10　全光企业园区会议室和独立办公室组网图

在独立办公室,可以采用面板式 ONU 或带有 4 接口且支持 PoE 的 ONU,也可以选择带 Wi-Fi 的 ONU。若使用面板 ONU,则 ONU 可直接安装在嵌墙的标准 86 盒中；若采用 4 接口 ONU,可以安装在办公桌的下方或者办公室的信息箱内。

8.2.4　开放办公区

开放办公区一般面积比较大,内部由多个办公位组成,一个区域可覆盖几个到几十个甚至上百个办公位,所涉及的业务包括无线 AP、PC/桌面云终端、IP 话机或模拟话机等。

对于开放办公区场景,核心层设备与其他场景共用,无源 ODN 一般采用集中分光方式,分光器部署在弱电间内。

在开放办公区,ONU 的选择比较灵活。根据办公位组合以及各办公位所需的业务不同,可以选用 4 接口 ONU、8 接口 ONU,也可以选择 24 接口 ONU。

如图 8-11 所示,一般新建场景会选用 4 接口或 8 接口 ONU,一台 ONU 覆盖 4 个办公位,此时 ONU 安装在其中一个办公位下方的信息箱内。

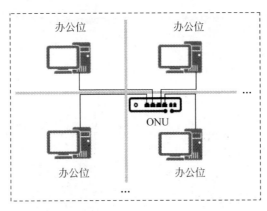

图 8-11 全光企业园区开放办公区组网图

8.2.5 公共区域

如图 8-12 所示,公共区域主要业务包含园区安防、门禁管理、停车管理和 Wi-Fi 接入等。

园区安防、门禁管理和停车管理的核心层可以独立组网实现物理隔离,也可以与办公业务共享核心层通过逻辑来隔离。

公共区域包含以下两种组网类型。

(1) 一种是星形组网,对应信息点位比较密集的场景,如餐厅、礼堂。这种情况下,ODN 采用等比分光,可以为熔接或者预连接类型。分光比根据所承载业务类型的不同可以选用 1:8~1:32,需要链路保护时,可以选择 2:N 的分光器。ONU 选型可以为 4 接口或 8 接口 ONU,一般需要支持 PoE,安装在不同位置的信息箱中。

(2) 一种是链形组网,对应信息点位稀疏且呈链形的组网,如园区周围。这种场景下推荐采用链形组网预连接 ODN,内部包含不等比分光器,可以大幅节省主干光缆。ONU 可以采用独立 ONU+室外信息箱或者一体化室外 ONU,一般挂墙或抱杆安装。

独立 ONU 可以使用 4 接口 ONU 或者 SFP ONU。

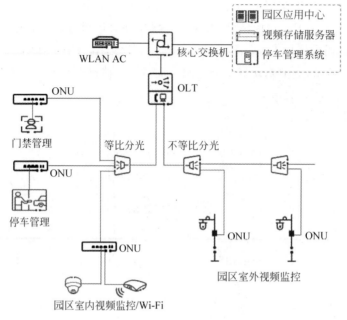

图 8-12　全光企业园区公共区域组网图

8.2.6　应用案例

1. 项目概况

如图 8-13 所示,中南科研设计中心位于武汉市汉阳区,总建筑面积 279000m² ,建筑高度 202.05m,是中南工程咨询设计集团量身打造的地标性总部办公基地。包含集团总部办公、世界级设计机构办公、信息化创智办公、设计生态办公、会展、酒店、综合商务及辅助服务设施等。

2. 办公网络面临的挑战

设计企业存在办公、一卡通、设备运维等多个专网独立建设,网络总体建设成本高,接入终端及业务多样化,各专网建网标准不一致,维护难度大。

设计企业视频会议多、业务云化,对带宽、时延、网络可用性要求高,且应用软件更新和业务增长带来的网络部署和策略复杂性给办公网络带来很大挑战。

开放式办工场景下员工的业务交流频繁,且趋向于使用 Wi-Fi 办公,对无线 AP 的

图 8-13　中南科研设计中心

全覆盖和网络接入的灵活性提出了更高要求。

3.办公网络的诉求

设计企业的设计工作已经向云化、数字化转型,办公网络需要满足以下诉求。

(1)全场景多业务接入,满足现场办公、远程办公、视频监控以及楼宇 Wi-Fi 覆盖等多种业务场景。

(2)安全可靠,办公网络既要做到入侵防御、防病毒等网络安全措施,也要确保网络的可靠性,以维护企业自身的利益。

(3)易部署、易运维,办公网络要具备快速扩容的能力以应对设计人员数量的变化,另外需要降低运维难度,减少运维人员。

4.全光园区办公解决方案

如图 8-14 所示,通过一个光纤网络实现多场景和多业务的统一承载,无源的 ODN 网络提供更高的可靠性,支持弹性扩容和灵活演进。

办公网络出口采用路由器,路由器具备较强的路由能力,可从容应对大规模南北向流量路由转发。采用 10G PON 方案,以满足 Wi-Fi 6 业务承载需要。

办公网络出口部署防火墙,防火墙采用双机热备份,实现负载分担,提供防火墙、

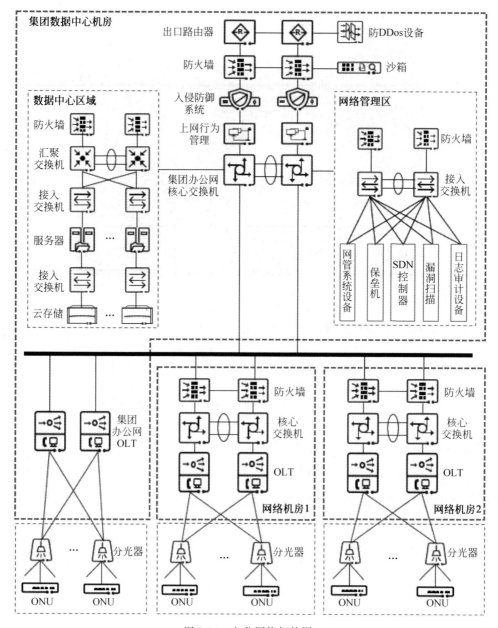

图 8-14　办公网络拓扑图

VPN、入侵防御、防病毒、数据防泄漏等多种安全功能,确保网络安全。

　　核心层交换机提供高性能的交换服务,两台核心交换机通过集群实现大数据量转发和网络高可靠性。PON 网络采用 Type B 双归属组网保护,提高网络可靠性。

接入层和汇聚层设备均配置端口隔离,所有流量均上送到核心交换机再转发。如果网络中横向流量较大,可在汇聚层 OLT 和接入层 ONU 开启 VLAN 内二层互通功能。

汇聚与接入层使用 OLT＋ONU 方式,实现上网、视频监控、语音多种业务统一接入,覆盖多种业务场景。

8.3　全光酒店园区网络

8.3.1　挑战与诉求

酒店网络从电话、电视等传统单一业务逐步向客用视频节目互动、客房语音、Wi-Fi 接入、客用宽带服务、客房客控系统、监控网络、环境感知、酒店办公等多元化业务方向发展,呈现业务多样化、智能化、移动化的特点,对网络提出了更高的诉求,具体如下。

（1）更高速的带宽诉求：日益增长的智能酒店新业务需求,如 4K/8K 高清视频、高清摄像头监控,有急迫的更高速的带宽诉求。

（2）更便捷的接入方式：酒店内全方位 Wi-Fi 接入覆盖,无缝漫游。一网多用,一个物理网络承载电话、视频、Wi-Fi、上网、智能设备、视频监控等多种业务接入。

（3）更丰富的业务类型：随着技术的进步,客房内的业务也越来越多,如 VoD 视频点播、客房智能控制系统等,需要接入网络的业务越来越丰富。

（4）更经济的运营成本：客房众多,覆盖范围广,需要更简洁、易部署、易运维的网络。

（5）更可靠的承载网络：诸多业务承载于酒店网络上,对网络的可靠性、稳定性、快速排障能力提出了更高的要求。

（6）更便捷的升级能力：可以快速便捷地升级酒店网络,不需要重新布线和装修,这就需要网络具备灵活、便捷的升级能力。

8.3.2　全光酒店园区解决方案

如图 8-15 所示,无源全光酒店网络综合无线、有线、视频、语音、客房智能服务等业务的发展需求,提出全光智能酒店理念及"一房一纤多业务"的客房业务承载模式,满足酒店各类信息系统的承载要求,简化组网和管理。

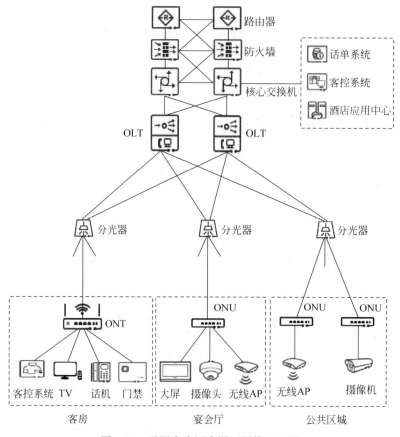

图 8-15　无源全光酒店园区网络组网图

酒店常见的业务类型有如下几种。

（1）语音业务：前台和客房的语音服务,语音外线由电信公司提供,语音内线由酒店语音系统提供。

（2）客用网络：为住店客人提供 Internet 接入服务,酒店的 Internet 网络出口由电信公司提供,酒店内部的 Internet 服务由酒店自建的网络分发到每一间客房。

（3）IPTV 网络：为住店客人提供房间内的视频直播、点播服务。

（4）酒店办公网络：为酒店员工提供办公网络服务,主要覆盖办公室、会议室、酒店前台等区域。

（5）监控网络：监控网络的末端为摄像头,摄像头实时将采集到的视频或画面回传到酒店的视频监控中心进行进一步处理和存储。

语音业务、客用网络、IPTV 网络、酒店办公网络、监控网络逻辑上划分为五个网络,物理上可以合并为同一个物理承载网络,这样在节省网络建设成本的同时,也能有效减少装修施工、线材消耗的费用。

采用无源全光酒店园区网络的布线方案,可以简化网络结构,降低维护成本。

(1) 极简布线:光纤到每间客房,装修走线只需一根光纤,部署一台 ONU,即可实现语音、上网、视频多业务接入,不需要部署多个网络。弱电间只需安装无源配线柜,无源器件免维护、无散热、不需要空调调节温度。

(2) 一网多用:公共区域 Wi-Fi 全覆盖,使用无源全光方案一个网络承载视频监控、信息发布、POS 刷卡等全业务。

(3) 安全可靠:无源全光方案独有的 Type B 双归属保护机制,OLT 主备 1+1 双机热备份,主干光纤单路故障后,该光纤上承载的所有业务能在 50ms 以内极速倒换至备用光口,网络可靠性高。

(4) 超高带宽,信号质量好。

(5) 无源全光网络可提供高达 60km 的超长覆盖距离,从酒店设备间到房间可光纤直达,不需要设置设备间中继转换。光纤直达房间,可提供超高带宽接入。可根据不同房间的网络需求灵活选择千兆 GPON 设备或万兆 XGS-PON 设备,也可二者同时使用。

(6) 维护简单,节约运营成本。①网络四层防护,无惧病毒侵扰;②光纤保护、电池备电,确保使用无忧;③配置自动下发,快速开设分店;④集中运维,降低 50% 成本。

(7) 绿色灵活,降低整体投资。改变原有的施工模式,变一房多线为一房一线,一次施工即可完成建网,综合布线成本节省 75%。网络灵活性高,PON 网络持续演进不需要重新部署 ODN,保护已有投资。

8.3.3　客房

客房业务一般包括 Internet 网络服务、语音业务、IPTV 业务及客房客控系统的内网业务。

客房所有业务均可以通过酒店客房的网络设备统一承载综合接入,不需要在房间内为不同业务布放不同终端。

客房内建议选用可以提供 POTS 接口、GE/FE 接口、Wi-Fi 的华为光网络终端

ONU,为房间内的电视机、客房控制系统、客人的计算机或手机等设备提供网络接入能力,并同时为房间内的电话机提供语音接入能力。

如图8-16所示,实际施工时,可以将ONU放置于客房木质电视柜下方或柜面,此位置一般处于房间较为中央的位置,可以确保ONU的Wi-Fi更好地覆盖到客房的每个角落,而且ONU靠近电视机的电源插座,取电便捷。从ONU出线到客房内各个信息点所需要的线槽距离也相对更近,更利于提升施工效率。

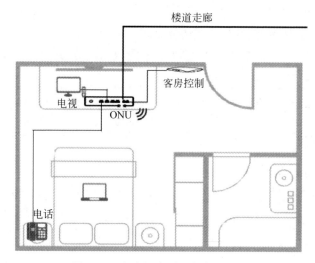

图 8-16　全光酒店园区客房组网图

8.3.4　宴会厅

酒店宴会厅的特点是无线终端接入密度高,每平方米2～3人,并发用户量大,Wi-Fi需要满足高密度、大带宽需求。

另外宴会厅人员比较多,需要全方位多角度实施监控,预防危险事件发生,所以视频监控网络需要提供大带宽,支撑高清视频实时回传。

宴会厅大屏需要支持播放本地视频和网络在线视频,支持在线互动。

如图8-17所示,针对宴会厅场景需求,选择多接口ONU部署在宴会厅信息箱中,通过以太网接口连接AP提供Wi-Fi覆盖。如果AP数量多,可以选择4接口ONU或者SFP ONU划分区域接入AP。

针对宴会厅视频监控场景,可选择4接口或8接口ONU通过以太端口连接摄像头进行视频回传。

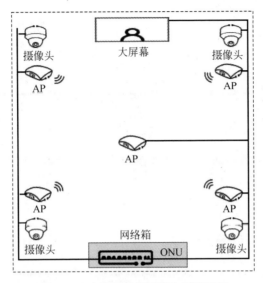

图 8-17　全光酒店园区宴会厅组网图

如果 AP 和摄像头本地取电困难,可以考虑通过 PoE 或光电复合缆进行远程供电。

8.3.5　公共区域

酒店公共区域的网络一般分为办公网络、客用网络和监控网络。

(1) 办公网络覆盖前台、会议室、办公室、公共区域等范围,需要语音话机接入,以太网口信息点供办公计算机、IP 话机、电视等接入,需要提供 Wi-Fi 信号供员工的无线终端接入。

(2) 客用网络则需要提供 Wi-Fi 接入,并覆盖整个公共区域。

(3) 监控网络则需要为摄像头提供以太接入网络,并最好能提供 PoE 远程供电能力,便于摄像头取电。

如图 8-18 所示,无源全光酒店园区网络方案,支持一网多用,办公网络、客用网络和监控网络均可在物理上使用同一个网络,通过业务隔离的方式区分开,保证不同网络之间互不影响。

酒店大堂的办公网络可以选择支持 POTS 接口、GE/FE 接口、Wi-Fi 的 ONU,ONU 可以放置于前台办公桌下方或者信息箱中。

过道、停车场等公共区域的 Wi-Fi 网络,因为覆盖范围较广,可以使用带有 PoE 功

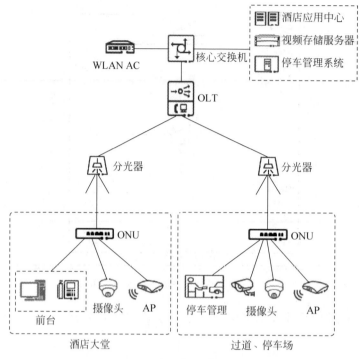

图 8-18　全光酒店园区网络公共区域组网图

能的 ONU 配合企业专用 AP 设备,提供大范围的 Wi-Fi 覆盖服务。ONU 建议放置于弱电间,并通过以太网线连接 AP。

　　监控网络,可以使用带有 PoE 功能的 ONU,ONU 建议放置于弱电间中,通过以太网线连接摄像头并为摄像头提供 PoE 供电。

8.4　全光医院园区网络

8.4.1　挑战与诉求

1. 医院信息系统的挑战

医院信息系统对网络的需求如表 8-3 所示,医院信息管理系统(Hospital Information

System，HIS)、电子病历(Electronic Medical Record，EMR)、医学图像管理和通信系统(Picture Archiving and Communication Systems，PACS)等各种信息管理系统并存，各系统对带宽、时延都有相应的要求。

表 8-3　医院各信息系统特点和需求

信息系统	业 务 特 点	关 键 需 求
HIS	支撑挂号、缴费等就诊流程。工作站众多，要求可靠快速响应	• 服务器运行稳定，响应快速，连续性好 • 数据存储安全可靠，读取快速 • 网络快速传输、不丢包
EMR	长期保存病人电子病历，支持快速的书写提交修改	• 服务器运行稳定，响应快速，连续性好 • 数据长期可靠存储
PACS	单个文件大，单次访问数据量大。一般医院每年增长几十太字节影像文件	• 网络高带宽 • 存储容量大、存取速度快，长期保存
各类综合管理系统	人、财、物以及经营状况等的管理，数据敏感	• 服务器响应快、连续性好 • 数据长期可靠存储

2. 医院网络架构的挑战

医院的网络复杂，存在五个网络：办公内网、办公外网、设备网、安防网、物联网，这五个网络独立建设，像一个个独立的小岛。各个网络之间都是信息孤岛，信息隔绝无法共享。

(1) 从分散到集中，从孤岛到信息整合，通过建设医院临床数据中心和集成平台，能实时获得患者全流程的医疗信息，包括门诊、住院、体检等所有数据，而非单一系统数据。

(2) 移动医疗(如移动查房、移动护理、婴儿防盗、移动办公)的应用，要求医院网络带宽更高，多种业务接入也需要智能的管理。

(3) 从孤立到协作，采用远程医疗系统进行跨科室、跨楼、跨医院的医疗协作。

(4) 面临发展的需求，导致 IT 架构重构的诉求，从之前的接口繁杂、重复冗余、难于维护转变为极简架构、接口明晰、简洁独立、易于维护。

(5) 从能耗粗放型到绿色可持续节能发展的网络转型。

(6) 通过网络架构精简、减少网络层次、无源替代有源等方式，减少对能源的消耗。充分利用新技术的引入，逐步达成设备在不收发流量的时候不消耗能源的目标。

(7) 更加重视网络安全和信息系统的安全。

8.4.2　全光医院园区解决方案

如图 8-19 所示,无源全光医院园区网络实现医院各场景的全光接入,采用光纤到桌面组网方案实现一个全光网络覆盖诊室、病房、护士站以及医院安防监控和 Wi-Fi 网络覆盖。

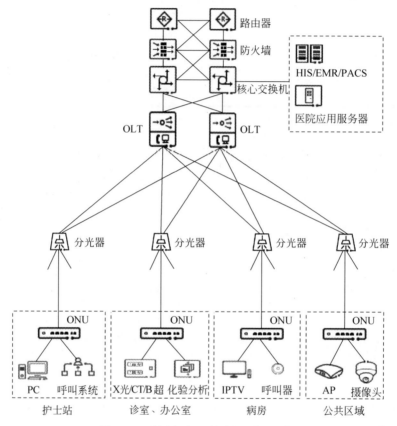

图 8-19　无源全光医院园区网络组网图

无源全光医院园区网络方案有以下优势。

(1) 无源光网络免电磁干扰。

① 光纤的质量和占用空间度都比网线低 90%。

② 光纤不像网线容易受电磁干扰,且不会对外辐射电磁波。

(2) 架构简单。由原来的传统方案三层或三层以上架构,转变为二层架构,架构更简单。

（3）无源设备替换有源设备，节能环保、节省空间。使用无源的分光器替代有源的交换机，节省 80％的能耗和机房空间，刚好可以满足日益严苛的降低能耗的要求。

（4）支持多种业务融合接入。一纤能够支持多种业务接入，如高速上网、Wi-Fi 6 接入、传统电话和有线电视接入，不需要像传统方案一样每种业务都有一个单独的网络。

（5）支持带宽平滑升级演进。无源全光网络带宽扩容更灵活，光纤的容量近乎无限，一次光纤布放可以支持未来带宽持续升级演进，带宽升级不需要更换光纤，仅升级两端设备即可。

（6）智能运维。因为医院缺少专门的 ICT 技术人员，所以要求网络的运维简单化，通过界面化就能操作，集中下发业务，不需要通过复杂的命令逐台设备进行配置和维护。无源全光医院园区网络解决方案，可以通过 OLT 设备对 ONU 集中管理和部署，大大简化运维难度。网管系统更可以综合管理无线 AP、摄像头、ONU、OLT 和核心交换机等设备，方便运维人员维护。

8.4.3　诊室和办公室

1. 诊室

诊室一般为独立的房间，包括计算机、话机、阅片灯等，诊室需要在线查看 CT/X 光结果，需要高带宽支撑。

如图 8-20 所示，诊室可以采用光纤到桌面方案，光纤直接布放到诊室办公桌下面，ONU 可以安装在办公桌下方或者办公室内的信息箱中。

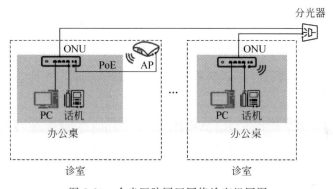

图 8-20　全光医院园区网络诊室组网图

ONU 可以选择支持以太网接口、话机接口的 ONU,通过以太网接口连接无线 AP 提供 Wi-Fi 覆盖,也可以选择带 Wi-Fi 功能的 ONU 直接提供 Wi-Fi 覆盖。

2. 办公室

办公室分为独立办公室和集中办公室两种。独立办公室组网场景和诊室相同,这里不再赘述,仅介绍集中办公室场景。

集中办公室由多个办公位组成,一个区域可覆盖几个到十几个办公位,所涉及的业务包括无线 AP、PC/桌面云终端、IP 话机或模拟话机等。

对于集中办公室场景,核心层设备与其他场景共用,无源 ODN 一般采用集中分光方式,分光器部署在弱电间内。

集中办公室 ONU 的选择比较灵活。根据办公位组合以及各办公位所需的业务不同,可以选用 4 接口 ONU、8 接口 ONU,也可以选择 24 接口 ONU。

如图 8-21 所示,一般新建场景会选用 4 接口或 8 接口 ONU,一台 ONU 覆盖 4 个办公位,此时 ONU 安装在其中一个办公位下方的信息箱内。

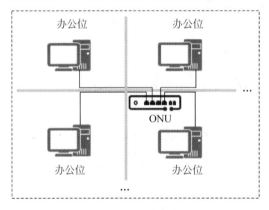

图 8-21　全光医院园区网络集中办公室组网图

8.4.4　病房

全光医院园区网络针对病房场景直接采用光纤到病房,多业务一纤承载的解决方案,一个网络支持 Wi-Fi 覆盖、电视、呼叫器、手机 APP 查房、移动病房等应用。

对于病房场景,核心层设备与其他场景共用,无源 ODN 采用集中分光方式,分光器部署在弱电间内。

病房的 ONU 选择比较灵活,需要考虑病房内终端接入情况。一般情况下,电子门牌、呼叫器、无线 AP 需要以太网接口接入。电视需要视情况而定,普通电视需要 RF 接口,网络电视则可以直接通过以太网接口接入。

如图 8-22 所示,病房 ONU 可安装在信息箱中,通过以太网接口接入无线 AP,满足病房的 Wi-Fi 覆盖需求;AP 采用吸顶式安装方式,通过 PoE 供电方式进行远程供电。电视、呼叫器、电子门牌、门禁等通过以太网接口接入。如果电视需要通过 RF 接口接入,需要选择带 RF 接口的 ONU。

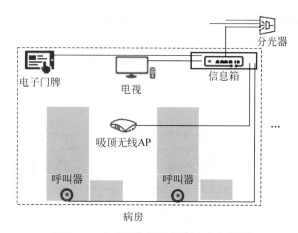

图 8-22　全光医院园区网络病房组网图

8.4.5　护士站

护士站即护士工作台,又称护士导诊台或导诊台。护士站是护理的作业基地,是整个病房的"交通枢纽",代表着医院或者医疗机构的形象。

护士站一般分为三类:弧形护士站、U 形护士站和直线护士站。

(1) 弧形护士站:适用于医院门诊大楼大厅处,规格分大型和小型,小型的一般称为导诊台。

(2) U 形护士站:适用于医院病房楼大厅处和其他诊查楼层。

(3) 直线护士站:适用于其他第二层以上的楼层,或者小型空间的病房楼层。

护士站的主要业务包括病房护理站和病区手续办理。

(1) 病房护理站:主要业务包含信息录入、处理医嘱、接纳患者呼叫信号、会集监护等。通过护理大屏的医嘱列表、呼叫提醒、输液监控、信息交互、护士教育等功能,综合展现病区信息,实现及时、可靠、全面的临床信息采集和应用,使护士能够精准、及时地了解病区动态。

（2）病区手续办理：病区手续办理包括挂号、病区出入院手续等。

护士站对应的通信终端包括电视、电话、摄像头、AP、自助服务柜。

如图 8-23 所示，无源全光网络利用一纤承载多种业务的优势，打造一个网络支持双向呼叫、信息录入、护理大屏幕的信息查询、无线上网、手机 APP 查房、病情查询等应用。

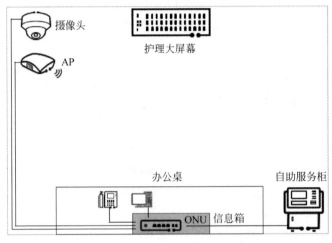

图 8-23　全光医院园区网络护士站组网图

选择支持以太网接口、语音接口的 ONU，通过以太网接口接入办公计算机、摄像头、AP 以及自助服务柜，语音接口接入话机。

ONU 可以安装部署在护士站办公桌下面，可以采用挂壁安装，也可以安装在信息箱中。

8.4.6　公共区域

如图 8-24 所示，医院园区公共区域主要业务包含园区视频监控和 Wi-Fi 接入。

园区视频监控和 Wi-Fi 的核心层可以通过独立组网实现物理隔离，也可以与办公业务共享核心层采用逻辑隔离。

针对视频监控回传网络的安全可靠性要求，可以使用 Type B 组网保护方式，确保网络可靠性。通过 MAC 地址绑定、802.1x 认证等措施，确保网络安全。

针对 Wi-Fi 6 和高清摄像头的回传网络大带宽需求，可以选择支持 GE 接口的 XGS-PON ONU，通过 GE 接口接入摄像头或者无线 AP 设备。摄像头或者无线 AP 安装点位如果市电取电困难，可以考虑通过 ONU 进行 PoE 远程供电，此时需要选择支持 PoE 供电的 ONU。

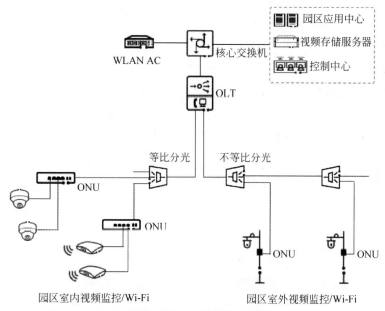

图 8-24　全光医院园区公共区域视频监控和 Wi-Fi 组网图

公共区域视频监控和 Wi-Fi 包含以下两种组网类型。

（1）一种是星形组网，对应信息点位比较密集的场景，如餐厅。这种情况下，ODN 采用等比分光，可以为熔接或者预连接类型。分光比根据所承载业务类型的不同可以选用 1∶8～1∶32，需要链路保护时，可以选择 2∶N 的分光器。ONU 选型可以为 4 接口或 8 接口 ONU，一般需要支持 PoE，安装在不同位置的信息箱中。

（2）一种是链形组网，对应信息点位稀疏且呈链形的场景，如园区周围。这种场景下推荐采用链形组网预连接 ODN，内部包含 1∶2 不等比分光器，可以大幅节省主干光缆。ONU 可以采用独立 ONU＋室外信息箱或者一体化室外 ONU，一般挂墙或抱杆安装。独立 ONU 可以使用 4 接口 ONU 或者 SFP ONU。

8.5　全光机场园区网络

8.5.1　挑战与诉求

随着公共交通事业的快速发展，飞机出行已经成为人们方便快捷旅行的最佳选择,机场也成为备受关注的公共场所。

机场园区范围广、人流分散、集散较快的特点,为机场安防建设增加了不小的难度。

机场航站楼具有超大面积、人流密集的特点,作为一个城市的窗口,无线信号覆盖率是否达标,直接影响人们对城市的印象。

机场内免税店、购物商铺、咖啡厅、餐饮店等为旅客提供休闲购物服务,需要确保网络通畅,给旅客最佳的体验。

8.5.2　全光机场园区解决方案

如图 8-25 所示,华为无源全光机场园区网络解决方案采用无源全光 PON 技术可以实现无源、大带宽、广覆盖、一纤多业务等,有效解决机场园区范围广、面积大、高速率等诉求,为机场园区提供可靠的无源全光视频回传网络、无线网络覆盖、助航灯、机场园区办公以及机场免税店等商铺的宽带接入业务,助力机场数字化转型。

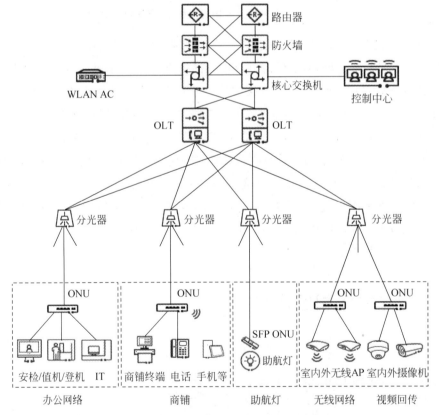

图 8-25　无源全光机场园区网络组网图

172

8.5.3　办公网络

如图 8-26 所示,机场办公网络包括机场安检、人工值机、自助值机、登机以及机场工作人员日常办公网络。华为无源全光园区解决方案,支持光纤到桌面的多业务接入,实现千兆办公的诉求,提供安全、灵活、方便、高质量的办公网络,极大地提升了业务部门的生产和办公效率。

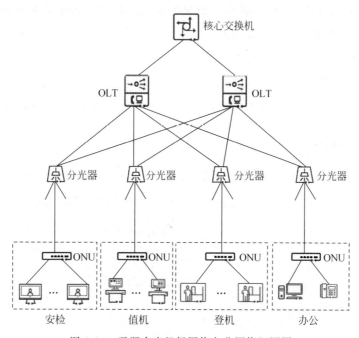

图 8-26　无源全光机场网络办公网络组网图

(1) 多种接入方式适配灵活组网。

① 安检、值机场景的区域性强、窗口较集中,可采用端口数量较多的 ONU 接入各安检窗口。也可以采用光纤直接到安检、值机工作桌面,通过小型 ONU 如面板式 ONU 提供业务接入。

② 针对登机场景,由于登机口比较分散,故可采用面板式 ONU,光纤直接到登机口工作台,通过面板式 ONU 提供登机口业务终端接入。

③ 针对办公场景,可采用面板式 ONU 提供光纤到桌面的独立办公网络,也可以采用盒式 ONU 进行多办公位集中办公。

(2) 1+1 备份确保物理网络可靠性。OLT 部署在机场中心机房,两台 OLT 设备进行1+1保护,主干光纤采用1+1双纤部署,设备和线路全部实现1+1备份,确保物理网络可靠性。

(3)终端认证技术保证网络安全。值机、登机等场景的终端设备在接入网络时需要确保设备安全。对安全有较高要求的业务,可以采用802.1x认证、MAC认证等认证方式,在终端接入网络前进行认证。

(4)安装方式满足各场景需求。桌面办公可以采用86面板式ONU直接安装在办公位,或者采用盒式ONU部署在办公桌下面的信息盒中。连接无线AP或者摄像头的ONU可以挂墙安装或嵌墙安装在信息箱中,也可以直接采用SFP ONU或Mini ONU内置在无线AP或摄像头中。

(5)供电方式按需选择。对于取电方便的场景,可以采用市电供电方式给ONU供电;对于市电取电比较困难的场景,可以考虑光电复合缆供电或PoE供电。

8.5.4　商铺

机场内商铺为旅客提供休闲购物服务,需要确保网络通畅,给旅客最佳的体验。

如图8-27所示,无源全光机场解决方案为机场商铺提供大带宽、安全可靠的网络体验。

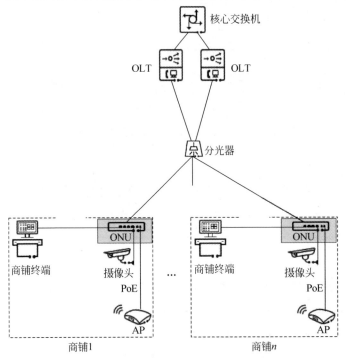

图8-27　无源全光机场网络商铺组网图

174

(1) 1＋1 备份确保物理网络可靠性。OLT 部署在机场中心机房,两台 OLT 设备进行 1＋1 保护,主干光纤采用 1＋1 双纤部署,设备和线路全部实现 1＋1 备份,确保物理网络可靠性。

(2) 光纤到商铺一根光纤业务全覆盖。选择支持以太网接口和电话接口的 ONU,ONU 部署在商铺收银台下面或者信息箱中,通过以太网接口连接商铺终端、AP 以及摄像头,通过电话接口连接话机。摄像头和 AP 采用 PoE 方式实现远程供电。

8.5.5　助航灯

助航灯主要用于助力飞机安全起飞和降落,通过对机场助航灯进行实时控制,实现灯光滑行引导(Follow the Greens,FTG)、灯具监控和维护,提升机场运行安全和效率。

助航灯实时控制要求网络满足低时延、高可靠性要求,光纤布线系统需要达到 IP68 级防护,未来线路和设备维护需要简化。

如图 8-28 所示,华为全光机场解决方案助航灯场景采用 SFP ONU 内置到助航灯监控模块中,实现光纤到灯的单灯监控方案。

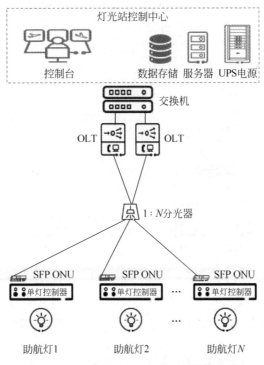

图 8-28　无源全光机场网络助航灯组网图

OLT 部署在机场中心机房,两台 OLT 设备进行 1+1 保护,主干光纤采用 1+1 双纤部署,设备和线路全部实现 1+1 备份,确保物理网络可靠性。每个助航灯单独一根分支光纤连接,独立控制,这样个别助航灯的故障不会影响其他助航灯正常运行。

光纤布线采用预连接 ODN 方案,不需要专业技能和专业工具,即插即用,降低了布线难度,提高了布线效率。

8.5.6　无线覆盖

机场航站楼主要包括候机大厅、出发层、安检口、值机岛、行李分拣厅等区域,具有超大面积、人流密集等特点,无线信号覆盖率是否达标,直接影响用户体验。

随着无线 WLAN 技术不断向更高带宽演进,支持 Wi-Fi 6 技术的无线网络方案实现了规模部署,而 Wi-Fi 6 技术对回传带宽提出了超千兆的诉求。如图 8-29 所示,华为无源全光机场园区方案能够提供万兆的回传带宽,可以满足 Wi-Fi 6 回传场景的带宽需求。

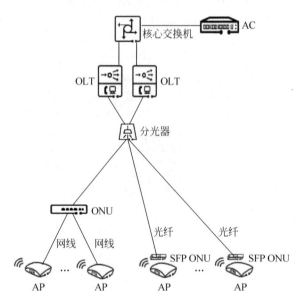

图 8-29　无源全光机场网络无线覆盖组网图

采用 XGS-PON 或更高带宽的 PON 技术,OLT 部署在机场中心机房,两台 OLT 设备进行 1+1 保护,主干光纤采用 1+1 双纤部署,设备和线路全部实现 1+1 备份,确保物理网络安全性。

室内场景,可以选择端口数量较少的 ONU 部署在 Wi-Fi 6 AP 附近的天花板、吊顶等位置,使用以太网接口连接 AP 并通过 PoE 方式供电。

室外场景,可以选择 SFP ONU 直接插入 AP 设备,实现光纤到 AP 组网,通过光电复合缆实现 PoF 远程供电。

8.5.7　视频回传

机场监控的重点区域一般包括主跑道、航站楼、航管中心、货运中心、消防中心、汽车库、航空食品厂、物业楼、边检楼等,机场监控存在区域范围广、人流分散、集散较快等特征,这些为机场安防建设增加了不小的难度。安防建设一直是机场安全保卫工作的一道重要闸门,建设满足机场特征的视频监控系统是机场安防的重中之重。

如图 8-30 所示,华为无源全光机场园区网络解决方案具有覆盖广、省空间等优点,从机房到终端接入点最大 40km 的覆盖范围,且中间不需要有源机房,能满足机场的覆盖要求。

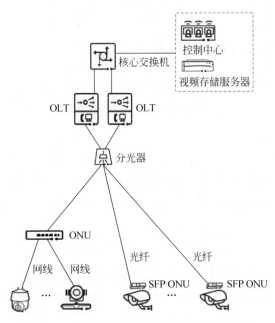

图 8-30　无源全光机场网络视频回传组网图

采用 XGS-PON 或更高带宽的 PON 技术,OLT 部署在机场中心机房,采用两台 OLT 进行 1+1 的保护,主干光纤采用 1+1 双纤部署,分光器部署在弱电间。

室内场景,可以选择端口数量较少的 ONU 部署在摄像头附近的天花板、吊顶等位置,使用以太网接口连接摄像头并通过 PoE 方式供电。

室外场景,可以选择 SFP ONU 直接插入摄像头,实现光纤到摄像头组网,通过光电复合缆实现 PoF 远程供电。

8.6 平安城市视频回传

8.6.1 挑战与诉求

安全需求日益增长的数字时代,对于视频监控网络的可靠性、实时性以及覆盖率要求不断提升,视频监控成为关系国计民生的大事。

视频回传网络面临着海量数据回传带宽压力、严苛的站点环境、安全威胁与难以运维等众多问题。

8.6.2 全光视频回传解决方案

如图 8-31 所示,无源全光视频回传网络提供端到端的解决方案,基于 PON 技术的全光视频回传网络,为客户提供带宽更高、全场景覆盖、网络更安全、运维更简单的视频监控业务体验。

(1) 通过一个光纤网络实现业务统一承载,两台 OLT 设备进行 1+1 保护,主干光纤采用 1+1 双纤部署,设备和线路全部实现 1+1 备份,确保物理网络可靠性。

(2) 无源的 ODN 网络,不需要取电,节省机房,且光纤网络支持 40km 的远距离覆盖。

(3) 面向高清摄像头和云化视频需求,支持带宽灵活演进。

(4) P2MP 的网络架构支持更多摄像头接入和弹性扩容。

(5) 支持 MAC 地址绑定、802.1x 认证等安全措施,确保网络安全。

8.6.3 道路安防

道路安防场景最大的特点就是覆盖距离远、覆盖范围大。

针对此场景特点,如图 8-32 所示,无源全光视频回传网络采用不等比分光进行链形组网,光纤沿着主干路进行敷设,在到达每个站点时进行不等比分光,通过这样一级

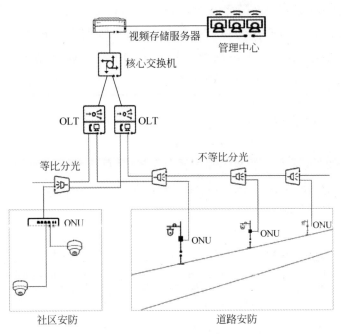

图 8-31　平安城市视频回传网络组网图

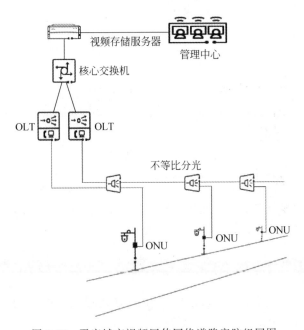

图 8-32　平安城市视频回传网络道路安防组网图

一级向下分光,实现链形组网的远距离覆盖。

ONU 可以选择室外一体化 ONU,满足室外防水、防雷等运行环境要求。

理论上的分光级数可以达到 13 级,需要进行分光比的规划,在每个站点分配不同的功率,如采用 5∶95、1∶9、2∶8、3∶7 等分光比。

8.6.4 社区安防

社区安防场景最大的特点就是摄像头分布集中、数量大。

针对此场景特点,如图 8-33 所示,无源全光视频回传网络采用等比分光进行树形组网,利用 PON 网络的 P2MP 架构,满足摄像头密集接入需求。

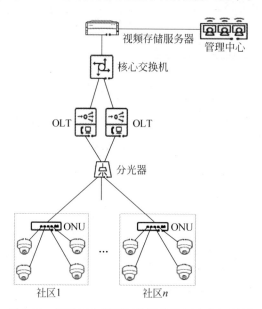

图 8-33　平安城市视频回传网络社区安防组网图

在某个户外光缆箱进行集中分光,分支光纤到达每个站点,连接站点 ONU 设备,再通过站点 ONU 连接摄像头。

ONU 类型可根据需要接入的摄像头数量进行选择。例如社区接入摄像头数量较多,可选择以太网接口数量较大的 ONU。

如果摄像头取电困难,可考虑选择带有 PoE 远程供电技术的 ONU,ONU 通过 PoE 方式给摄像头远程供电。

第 9 章

无源全光园区网络部件介绍

9.1　部件概览

如图 9-1 所示，华为无源全光园区网络解决方案提供端到端部件满足不同场景需求。

图 9-1　无源全光园区网络部件概览

9.2 OLT 系列

华为 OLT 系列基于分布式架构,为用户提供宽带、无线、视频、监控等多业务统一承载平台,实现一个光纤网覆盖全业务,提供 GPON、XGS-PON 多种 PON 接入方式,并支持向未来 50G PON 演进。

从规模看,OLT 分为大规格、中规格、小规格,选型时要根据业务需求选择相应规格的 OLT,另外需要考虑用户量的增长和未来业务增长情况的影响。

从形态看,OLT 分为插卡式和单机版,大规格及中规格 OLT 一般为插卡式,小规格 OLT 一般为插卡式或单机版。

(1) 插卡式 OLT 扩容灵活,业务单板可根据实际情况灵活配置,便于后期扩容。

(2) 单机版 OLT 接口数量是确定的,无法扩容,但单机版形态小、易部署、省空间。

1. 分布式架构

如图 9-2 所示,OLT 采用分布式架构,实现业务的高性能转发。将集中在主控板上的业务处理工作分布到每个业务单板上,提升系统的交换容量和性能。单槽位提供大吞吐量,保证业务无卡顿。

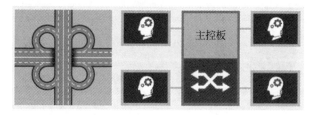

图 9-2　OLT 分布式架构

例如视频业务,如图 9-3 所示,在分布式架构下,OLT 将集中在主控板缓存的数据分散缓存到业务板,实现更快的高清视频启动和频道切换。

2. 高可靠性

电信级设计标准,提供多种保护机制,确保网络可靠性。

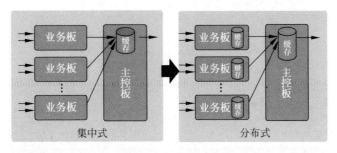

图 9-3　分布式缓存

（1）提供 Type B、Type C 保护，确保 PON 链路的网络可靠性。

（2）双主控板、双电源板冗余备份，实现关键部件的 1+1 保护。

（3）多重上行链路保护。OLT 上行端口 1+1 主备配置构成保护组，其中，工作端口承载业务，而保护端口不承载业务，处于备份状态。当工作端口故障时，它能够根据链路状态进行自动或手动切换，使上行链路能够正常工作、用户业务不受影响，从而提升网络的可靠性。

3. PON 平滑演进

OLT 支持 GPON、XG-PON、XGS-PON 等多种 PON 接入技术共平台，满足用户因业务发展需要的带宽升级演进，节省投资。

PON 技术演进标准不断完善，从 GPON 到 10G GPON，再到 50G GPON，标准最大化考虑了平滑性，尽量充分利用已有的资源，以最小的投资和网络改动，支持网络升级。

光纤属于非金属材料，不易腐蚀，寿命长达 30 年以上，带宽可达 1Tbit/s，不需要重建网络，只需升级设备就可以满足未来近乎无限的带宽需求。

如图 9-4 所示，GPON 及 10G GPON 可以共享 OLT 平台，共用 ODN 网络和光纤资源，实现平滑升级。

4. 多种规格满足不同场景需求

华为公司 OLT 产品类别和参数信息如图 9-5 所示，OLT 分为大规格、中规格、小规格和单机版。

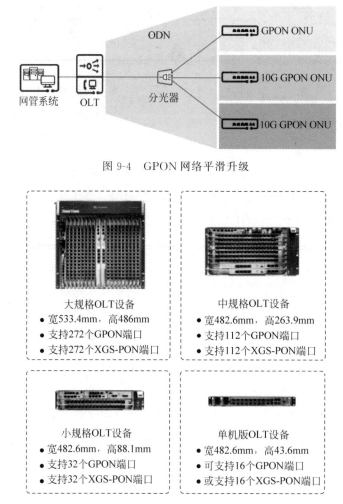

网管复用　OLT复用　　ODN网络复用　　　　ONU按需部署

ODN

网管系统　OLT　　分光器

GPON ONU

10G GPON ONU

10G GPON ONU

图 9-4　GPON 网络平滑升级

大规格OLT设备
- 宽533.4mm，高486mm
- 支持272个GPON端口
- 支持272个XGS-PON端口

中规格OLT设备
- 宽482.6mm，高263.9mm
- 支持112个GPON端口
- 支持112个XGS-PON端口

小规格OLT设备
- 宽482.6mm，高88.1mm
- 支持32个GPON端口
- 支持32个XGS-PON端口

单机版OLT设备
- 宽482.6mm，高43.6mm
- 可支持16个GPON端口
- 或支持16个XGS-PON端口

图 9-5　OLT 设备类别和参数

9.3　ODN 系列

　　ODN 的作用是在 OLT 和 ONU 之间提供无源光传输通道，它由一系列的无源光配线产品组合而成，如图 9-6 所示，ODN 网络从组成部件上看，包括分光器、光纤配线架、光纤和光纤连接器。从 ODN 建网方案看,可以分为传统熔接方案产品系列和预连接 ODN 产品系列。

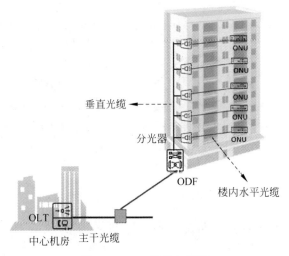

图 9-6　ODN 网络组网图

1. 光分路器

光分路器又叫分光器,包括盒式光分路器、机架式光分路器、插片式光分路器等,如图 9-7 所示。

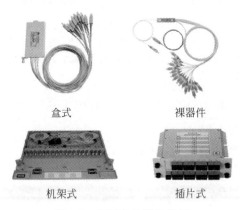

图 9-7　无源分光器的种类

分光器应采用全带宽型(工作波长 1260～1650nm)和均匀分光型的平面波导型光分路器。光分路器端口类型的选择既要考虑方便维护管理又要考虑减少活动连接点的数量。光分路器属于无源器件,不需要考虑供电、散热等问题。

2. 预连接线缆

如图 9-8 所示,预连接线缆分为双端预连接线缆和单端预连接线缆。

(a) 双端预连接线缆　　　　(b) 单端预连接线缆

图 9-8　预连接线缆

3. 预连接产品

如图 9-9 所示,预连接产品可分为室内型和室外型,包括 Hub Box、Sub Box 和 End Box。

(a) 室内预连接产品　　　　(b) 室外预连接产品

图 9-9　预连接产品

(1) Hub Box 支持主干缆在盒体内直通和分歧,主干缆和尾纤或者分光器熔接,输出端配置的是室外预连接适配器。

(2) Sub Box 盒体内配置不等比分光器,其中大功率输出端链接下一个不等比 FAT,小功率输出端直接入户。

(3) End Box 配置等比分光器,用于入户。

4. 光电复合缆

光电复合缆用于 PoF 供电,如图 9-10 所示,一端是 Hybrid SC 光电一体连接器,用来连接集中供电单元;另一端是 RJ45 连接器和 SC/UPC 连接器,用来连接 ONU 的 PON 上行端口和电源模块。

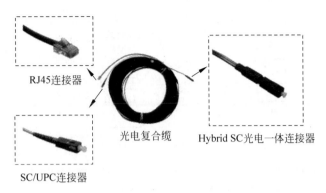

图 9-10　光电复合缆.

5. 集中供电单元

集中供电单元如图 9-11 所示,分为内置分光器和不内置分光器两种类型,对外提供 Hybrid SC 接口,用于连接光电复合缆,传输光信号的同时进行远程供电。

图 9-11　集中供电单元

9.4　ONU 系列

ONU 为用户侧光终端设备,为满足用户多种业务需求和场景需求,华为光终端 ONU 提供多种接口和多种形态。

1. 丰富的接口类型

如图 9-12 所示,华为光终端 ONU 提供 FE、GE、POTS、Wi-Fi 等多种接口支持有线上网、无线上网、视频监控回传、IPTV、语音等业务。

另外,每款 ONU 提供多种接口类型的组合,满足不同场景接口数量的需求。比如学校宿舍场景,可以选择 1 个 POTS 接口＋4 个 GE 接口＋Wi-Fi 接口的 ONU 类型,满足宿舍 4 人的有线/无线上网和固定电话需求。

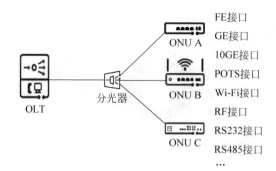

图 9-12　ONU 多种接口类型

2. 形态多样满足不同场景

如图 9-13 所示,为了适应复杂的应用场景,华为提供形态丰富的 ONU 产品,大致可分为盒式、机架式、一体化、面板式、Wi-Fi 型、桌面型等类型。

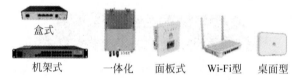

图 9-13　光接入终端 ONU 系列

1) 面板式 ONU

面板式 ONU 主要用于单用户场景,如图 9-14 所示,提供一个或者两个信息接口,如独立办公室、独立办公位等,面板式 ONU 嵌入桌面或者墙面进行安装。

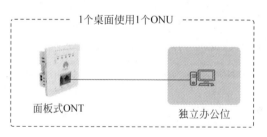

图 9-14　面板式 ONU 办公场景示例

2) 盒式 ONU

盒式 ONU 主要用于多用户场景,如图 9-15 所示,4 个桌面可以分享一个 4 端口盒式 ONU,盒式 ONU 一般安装于办公桌下,挂墙安装或者安装于信息箱内。

机架式 ONU 和盒式 ONU 最大的差异是机架式 ONU 可以提供更多的接口,一

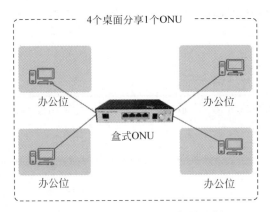

图 9-15　盒式 ONU 办公场景示例

般用于信息点较多且集中的场景,机架式 ONU 一般安装于机柜内。

3) 一体化 ONU

针对室外场景,华为推出一体化 ONU,支持宽温域、高防雷规格以及高防护等级。如图 9-16 所示,一体化 ONU 被集成于室外智慧灯杆实现视频监控信号回传。

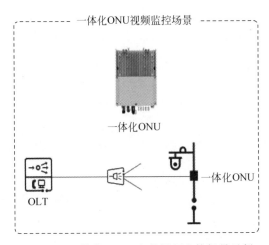

图 9-16　一体化 ONU 室外视频监控场景示例

3. 高可靠性设计

(1) 针对雷击危险,交流电源模块可以实现共模/差模 6kV,GE 接口可以实现共模 4kV,差模 0.5kV 的防雷能力。

(2) 针对特殊场景的环境要求,ONU 支持最低-40~70℃ 的宽温域工作环境温度,室外型 ONU 支持 IP65 高防护等级,无惧寒暑,无惧雨雪,适应性更强。

4．易部署运维

支持 SNMP、Web 等多种管理方式,管理灵活。即插即用,支持现场免调测,支持 OLT 集中管理,简化网络部署,降低了企业用户的运维难度和运维成本,提高了运维效率。

第 10 章

无源全光园区网络未来展望

10.1 产业政策持续推广

当前,智慧城市和智慧园区已经是大势所趋,国内、国外各类型园区也在逐步加大智慧园区的投入,园区网络作为智慧园区建设的基础部分,也受到相应政策的带动。

2021 年 3 月,工业和信息化部印发了《"双千兆"网络协同发展行动计划(2012—2023 年)》的通知,为深入贯彻党的十九届五中全会精神,落实《中华人民共和国国民经济和社会发展第十四个五年规划和 2035 年远景目标纲要》,提出了要建设以千兆光网和 5G 为代表的"双千兆"网络。双千兆网络可以向单个用户提供固定和移动网络千兆接入能力,具有超大带宽、超低时延、先进可靠等特征,二者互补互促,是新型基础设施的重要组成和承载底座。

在工业和信息化部提出的"双千兆"中,具体的重点任务为:持续扩大千兆光网覆盖范围。推动基础电信企业在城市及重点乡镇进行 10G PON 光线路终端(OLT)设备规模部署,持续开展 OLT 上联组网优化和老旧小区、工业园区等光纤到户薄弱区域光分配网(ODN)改造升级,促进全光接入网进一步向用户端延伸。按需开展支持千兆业务的家庭和企业网关(光猫)设备升级,通过推进家庭内部布线改造、千兆无线局域网组网优化以及引导用户接入终端升级等,提供端到端千兆业务体验。

10.2 全光生态持续扩大

无源全光园区是个新兴市场,基于成熟的 PON 技术基础上进行了升级和优化。当前不少主流的供应商也已经有自己开发的无源全光园区的产品与解决方案。但要保证无源全光园区的产业持续有序、高速地发展,还需要建立起产业的沟通机制。

在此背景下,2019 年,华为、上海诺基亚贝尔、长飞光纤光缆、神州数码集团、中海物业集团,以创始成员身份联合发起成立"绿色全光网络技术联盟",ONA 联盟的成立,标志着无源全光园区网络的产业链龙头企业从以前的松散的联合发展,转向紧密的联盟合作关系。

ONA 联盟由华为担任第一届联盟理事长单位,邀请了产业链各环节的顶尖企业参加,在第一阶段以推动行业标准和技术合作、拓展联盟伙伴、打造人才培育和认证平台为主要目标,并且将快速扩大组织生态,积极吸纳在全光网领域各环节具有影响力的企业加入。

10.3　技术应用持续创新

1. 技术展望

无源全光园区网络向更高的带宽、更低的时延、更好的业务隔离等方向发展。

1) 更高的带宽

当前的无源全光园区网络主要是使用 GPON 和对称 10G GPON 技术,GPON 可以提供下行 2.5Gbit/s、上行 1.25Gbit/s 的带宽,对称 10G GPON(即 XGS-PON)可以提供上下行对称的 10Gbit/s 的带宽,可以支持千兆到桌面等各种业务应用。

将来更高带宽业务也会逐渐演进,如 Wi-Fi 7 将来会逐渐替代 Wi-Fi 6,给用户提供更大的带宽。此时对无源全光园区网络也提出了更高的带宽承载要求,所以无源全光园区采用的 PON 技术也会从当前的 GPON、10G PON 演进到 20G PON、40G PON、50G PON,甚至是更高带宽的 100G PON 等。

2) 更低的时延

当前的无源全光园区网络凭借着简化网络架构,时延已经比较低,可支持 VR/AR 等业务的逐渐普及。无源全光园区网络后续也会继续在技术上进行创新,通过发送技术上的优化、多业务之间的协同等,继续提供更低的、可保证的固定时延,以支撑各种新业务的演进。

3）更好的业务隔离

当前的无源全光园区网络上行方向采用时隙的方式进行隔离,可以支持单根光纤中支持多种业务和多个网络,多个网络之间进行隔离。随着无源全光园区在越来越多的行业中应用,有些行业对业务隔离提出了更高的要求,无源全光园区网络后续也会研究开发诸如波长或者其他的隔离技术以支持更精细的业务隔离要求。

2. 应用展望

无源全光园区网络从传统的园区应用扩展到各行各业的新应用。

1）传统园区应用的扩展

当前的无源全光园区网络在园区应用的时候,由于终端设备(如 PC 等)还没有直接提供光纤接口,所以暂时还不能直接实现光纤到终端的想法,还需要采用 ONU 来完成光/电转换。但是由于增加了 ONU 设备,带来了 ONU 的部署和供电的复杂性,后续 ONU 设备会简化安装和供电要求,另外也会推动终端设备直接提供光纤接口,实现光纤到终端。

后续无源全光园区网络在园区应用中,会和 5G 网络、IOT 网络等一起配合,实现园区建筑的智能化、智慧化。

2）各行各业新应用的扩展

无源全光园区网络当前已经在教育、医疗、酒店、大企业等行业中广泛应用,也正在往越来越多的行业中拓展,光纤已经从桌面,延伸到交通、工厂、机器,为越来越多的客户提供高性能、高可靠度的业务。

专业术语

缩 写	英 文 全 称	中 文 名 称
AAA	Authentication，Authorization and Accounting	认证、授权和计费
AC	Access Controller	接入控制器
AP	Access Point	接入点
APOLAN	Association for Passive Optical LAN	无源光局域网联盟
DBA	Dynamic Bandwidth Assignment	动态带宽分配
DMZ	Demilitarized Zone	半信任区
EAP	Extensible Authentication Protocol	可扩展认证协议
FAT	Fiber Access Terminal	光纤分纤箱
FBT	Fused Biconical Taper	熔融拉锥式
FTTH	Fiber to the Home	光纤到户
GPON	Gigabit-capable Passive Optical Network	吉比特无源光网络
HSI	High-speed Internet	高速上网
IoT	Internet of Things	物联网
LAN	Local Area Network	局域网
OLT	Optical Line Terminal	光线路终端
ODN	Optical Distribution Network	光分配网络
ODF	Optical Distribution Frame	光纤配线架
OMCI	ONU Management and Control Interface	ONU 管理和控制接口
ONU	Optical Network Unit	光网络单元
OTDR	Optical Time Domain Reflectometer	光时域反射仪
PD	Powered Device	受电设备
PLC	Planar Lightwave Circuits	平面光波导
PoE	Power over Ethernet	以太网供电
PoF	Power over Fiber	光纤网络供电
POL	Passive Optical LAN	无源光局域网
PSE	Power Sourcing Equipment	供电设备
P2P	Point-to-Point	点到点
P2MP	Point-to-Multipoint	点到多点
PON	Passive Optical Network	无源光网络

缩　　写	英 文 全 称	中 文 名 称
SNMP	Simple Network Management Protocol	简单网络管理协议
TDM	Time Division Multiplexing	时分复用
TWDM	Time and Wavelength Division Multiplexed	时分波分复用
VoD	Video on Demand	视频点播
VoIP	Voice over Internet Protocol	基于 IP 的语音传输
VPN	Virtual Private Network	虚拟专用网
VRRP	Virtual Router Redundancy Protocol	虚拟路由冗余协议
WAN	Wide Area Network	广域网
WDM	Wavelength Division Multiplexing	波分复用
WLAN	Wireless Local Area Network	无线局域网
XG-PON	10 Gigabit-Capable Passive Optical Network	非对称 10 吉比特无源光网络
XGS-PON	10 Gigabit-Capable Symmetric Passive Optical Network	对称 10 吉比特无源光网络